U0395795

上海出版资金项目
Shanghai Publishing Funds

"科创之光"书系(第一辑)

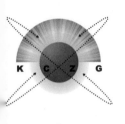

3D打印

智造梦工厂

上海科学院　上海产业技术研究院 组编

周伟民　黄萍　主编

上海科学普及出版社

图书在版编目（CIP）数据

3D打印：智造梦工厂 / 周伟民，黄萍主编. —上
海：上海科学普及出版社，2018.1
（科创之光书系. 第一辑 / 上海科学院，上海产业技术研究院组编）
ISBN 978-7-5427-7020-2

Ⅰ.①3… Ⅱ.①周… ②黄… Ⅲ.①立体印刷–印刷
术–青少年读物 Ⅳ.①TS853

中国版本图书馆CIP数据核字（2017）第210396号

书系策划　　张建德
责任编辑　　林晓峰
美术编辑　　赵　斌
技术编辑　　葛乃文

"科创之光"书系（第一辑）

3D打印
——智造梦工厂

上海科学院　上海产业技术研究院　组编
周伟民　黄　萍　主编
上海科学普及出版社出版发行
（上海中山北路832号　邮政编码200070）
http://www.pspsh.com

各地新华书店经销　　苏州越洋印刷有限公司印刷
开本 787×1092　1/16　　印张 11.25　　字数 151 000
2018年1月第1版　　　2018年1月第1次印刷

ISBN 978-7-5427-7020-2　定价：38.00元

本书如有缺页、错装或坏损等严重质量问题
请向出版社联系调换

《"科创之光"书系(第一辑)》编委会

本书编委会

主　　编：周伟民　黄　萍

编　　委：周伟民　闵国全　黄　萍　孔　龙
　　　　　陈伟琦　陈君博　徐盛昌　胡　俊
　　　　　马剑雄　司君平　吴杰华　刘宏业
　　　　　费立诚

序

　　"苟日新，日日新，又日新。"这一简洁隽永的古语，展现了中华民族创新思想的源泉和精髓，揭示了中华民族不断追求创新的精神内涵，历久弥新。

　　站在 21 世纪新起点上的上海，肩负着深化改革、攻坚克难、不断推进社会主义现代化国际大都市建设的历史重任，承担着"加快向具有全球影响力的科技创新中心进军"的艰巨任务，比任何时候都需要创新尤其是科技创新的支撑。上海"十三五"规划纲要提出，到 2020 年，基本形成符合创新规律的制度环境，基本形成科技创新中心的支撑体系，基本形成"大众创业、万众创新"的发展格局。从而让"海纳百川、追求卓越、开明睿智、大气谦和"的城市精神得到全面弘扬；让尊重知识、崇尚科学、勇于创新的社会风尚进一步发扬光大。

　　2016 年 5 月 30 日，习近平总书记在"科技三会"上的讲话指出："科技创新、科学普及是实现创新发展的两翼，要把科学普及放在与科技创新同等重要的位置。没有全民科学素质普遍提高，就难以建立起宏大的高素质创新大军，难以实现科技成果快速转化。"习近平总书记的重要讲话精神对于推动我国科学普及事业的发展，意义十分重大。培养大众的创新意识，让科技创新的理念根植人心，普遍提高公众的科学素养，特别是培养和提高青少年科学素养，尤为重要。当前，科学技术发展日新月异，业已渗透到经济社会发展的各个领域，成为引领经济社会发展的强大引擎。同时，它又与人们的生活息息相关，极大地影响和改变着我们的生活和工作方式，体现出强烈的时代性特征。传播普及科学思想和最新科技成果是我们每一个科技人义不容辞的责任。《"科创之光"书系》的创意由此而萌发。

　　《"科创之光"书系》由上海科学院、上海产业技术研究院组织相关领域的专家学者组成作者队伍编写而成。本书系选取具有中国乃至国际最新和热点的科技项目与最新研究成果，以国际科技发展的视野，阐述相关技术、学科或项目的历史起源、发展现状和未来展望。书系注重科技前瞻性，文字内容突出科普性，以图文并茂的形式将深奥的最新科技创新成果浅显易懂地介绍给广大读者特别是青少年，引导和培养他们爱科学和探索科技新知识的兴趣，彰显科技创新给人类带来的福祉，为所有愿意探究、立志创新的读者提供有益的帮助。

　　愿"科创之光"照亮每一个热爱科学的人，砥砺他们奋勇攀登科学的高峰！

上海科学院院长、上海产业技术研究院院长

钮晓鸣

2

前　言

　　2012 年 4 月，世界著名的《经济学人》杂志将 3D 打印誉为"第三次工业革命"最具标志性的生产工具后，3D 打印技术立刻引起了世界各国的高度关注。3D 打印技术是直接从数字模型通过材料堆积来生产三维实体的技术，已经广泛应用到各个行业中，包括工业设计、模具、医疗、航空航天、文化创意等，成为产业升级和自主创新的重要推力。当今，以信息技术与制造技术深度融合为特征的智能制造模式，正在引发整个制造业的深刻变革。3D 打印是制造业有代表性的颠覆性技术，实现了制造从等材、减材到增材的重大转变，改变了传统制造的理念和模式，具有重大应用价值。

　　3D 打印技术被称为最佳的创新手段之一，发达国家纷纷进行 3D 打印创新性教育，已经渗透到中小学教育中。如美国在 STEAM 素质教育中，将 3D 打印技术融入其中。韩国政府规划的目标包括到 2020 年培养 1 000 万名创客，并在全国范围内建立 3D 打印基础设施。目前我国 3D 打印技术的人才匮乏，严重制约了这项技术的发展，因此，对 3D 打印技术的普及就显得尤为重要。

为了提高全民对 3D 打印技术的认识，作者参考了大量文献资料并结合作者所在单位上海产业技术研究院和上海市纳米科技与产业发展促进中心的研究成果，编写了这本 3D 打印技术的科普读物，试图为了解和想要学习"3D 打印技术"的读者打开一扇知识的大门。全书涵盖了 3D 打印技术的方方面面，深入浅出地介绍了 3D 打印数据获取、建模软件、3D 打印材料、主流的 3D 打印技术以及 3D 打印应用。

本书由上海产业技术研究院周伟民编写了 3D 打印的起始与发展、三维印刷工艺、可用于 3D 打印的材料、3D 打印带你行走时尚前沿、3D 打印的发展趋势，陈伟琦编写了三维数据如何获取和处理，徐盛昌编写了熔融沉积成型技术，陈君博编写了光固化立体成型技术、数字光处理技术，孔龙编写了选择性激光烧结技术、叠层实体制造技术、金属 3D 打印技术、3D 打印与航空航天，黄萍编写了 3D 打印"克隆"另一个你，上海交通大学胡俊编写了 3D 打印助你行、3D 打印点亮生活。全书由周伟民校正统稿。

感谢上海产业技术研究院闵国全教授级高级工程师、费立诚教授级高级工程师和诸同事在本书编写过程中提供的指导和帮助，马剑雄、司君平、吴杰华、刘宏业提供了部分材料。感谢上海科学院王伟琪以及上海科学普及出版社编辑的辛勤工作。由于作者水平有限，对有些问题的理解不够深入，书中难免存在疏漏，欢迎广大读者批评指正。

"桐花万里丹山路，雏凤清于老凤声。"抓住时代变革历史机遇，科技创新将助推中华民族伟大复兴。

编　者
2017 年 6 月

目 录

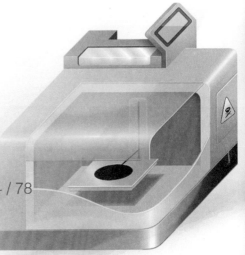

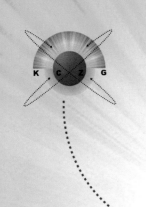

3D 打印的
起始与发展

　　"3D"？"打印"？这两个词怎么会组合在一起呢？初次听到"3D打印"，相信大家内心都会有这样的疑惑。很多人对3D的概念还停留于3D电影、3D电视、3D游戏，而打印，当然是办公室的打印机了。可是，办公室的打印机为何会打出"3D"效果呢？

生活里的"3D打印"

搭积木

　　我们从小玩过搭积木，为了搭建一个城堡，那首先得搭好城堡的第一层，在此基础上搭建第二层，这样一层层地搭建，最后城堡就出现在眼前了。我们简单地解释为一层层地累积叠加，这就是生活中的"3D打印技术"了。

搭积木

（图片来源：http://www.yupoo.com/photos/mumu115141428/
albums/332247/24647315/）

（图片来源：http://sucai.redocn.com/tupian/762157.html）

造房子

　　人类在几千年前就开始造房子了。古时候，人们用树枝和茅草造房子，最早的农耕文化起源于遥远的上古时期。勤劳的先民们在稻谷芬芳的田野上，从地表向下挖出方形或圆形的穴坑，将捆绑的树枝或稻草沿坑壁一层层往上围成墙，简陋地抹上草泥，屋顶上搭些草木，这便是人类最早搭建的用以躲避风雨、躲避禽兽灾害的屋舍。现在，我们用钢筋、水泥、砖块造房子。首先设计房子的样式，为了让房子更稳固，我们还需要先打好地基，然后按照房子的设计形状，从底层开始砌，一层层往上添砖加瓦，这也是生活中的"3D 打印技术"。

什么是 3D 打印

什么是 3D 打印呢？3D 打印是"快速成型技术（Rapid Prototyping，RP）"或者"增材制造（Additive Manufacturing，AM）"的俗称。这是相对于传统的车、铣、刨、磨等"减材制造"而言的。就像前面我们讲到的搭积木、造房子一样，这种技术的指导思想是逐层"打印"、堆叠成型。基于这种思想都可以称为 3D 打印。

3D 打印与传统制造

传统机械加工的 4 种基本的加工方式是车、铣、刨、磨。这 4 种加工方式是零部件加工的较为重要的部分，主要完成对零件的加工，使之可用于机械及设备的装配，包括车削加工、铣削加工、刨削加工、磨削加工，有时只用其中 2～3 种加工即可完成零件的加工。传统制造经过了数百年的积累和发展，在生产工艺、生产技术、材料等方面非常成熟，并形成了配套完善、功能齐全、社会各界广泛认可的产业基础。

不像传统减材制造技术那样浪费材料，也不像注塑那样要求先制作模具。3D 打印技术一次成型，其重要特点是快速个性化

车削加工

车削加工是在车床上利用工件相对于刀具旋转对工件进行切削加工的方法。

车削是最基本、最常见的切削加工方法，在生产中占有十分重要的地位。车削适于加工回转表面，大部分具有回转表面的工件都可以用车削方法加工，如内外圆柱面、内外圆锥面、端面、沟槽、螺纹和回转成形面，所用刀具主要是车刀。

铣削加工

铣削是将毛坯固定，用高速旋转的铣刀在毛坯上走刀，切出需要的形状和特征。传统铣削较多地用于铣轮廓和槽等简单外形特征。

数控 铣床可以进行复杂外形和特征的加工。铣镗加工中心可进行三轴或多轴铣镗加工，用于加工模具、检具、胎具、薄壁复杂曲面、人工假体、叶片等。

刨削加工

刨削加工是在刨床上使用单刃刀具对工件作水平相对直线往复运动的切削加工方法。刨削是金属切削加工中的常用方法之一，在机床床身导轨、机床镶条等较长较窄零件表面的加工中，刨削加工占据着十分重要的地位。

磨削加工

磨削就是用砂轮、油石和磨料（氧化铝、碳化硅等微粒）对工件表面进行切削加工。磨削加工的范围很广，几乎各种表面都可以用磨削进行加工，如内外圆柱面、内外圆锥面、各种平面以及螺纹、齿轮、花键、成型面等。此外，磨削可加工淬火钢、硬质合金等一般刀具难以加工的较硬材料。

传统机械加工基本方式

定制，这在小批量、多品种（个性化）的生产中占有非常大的优势。现阶段，3D打印技术无法替代传统制造技术，而是两者相互补充，相互融合，共同推进制造业的革新和进步。

增材制造与减材制造的特性比较

	减材制造	增材制造
基本技术	削、钻、铣、磨、铸、锻	FDM, SLA, SLS, LOM, 3DP 等
核心原理	——	分层制造、逐层叠加
适用场合	大规模、批量化；不受限	小批量、造型复杂
适用材料	几乎所有材料	塑料、光敏树脂、金属粉末等（受限）
材料利用率	相对低	理论上是100%

（续表）

	减 材 制 造	增 材 制 造
应用领域	广泛不受限制	原型、模具、终端产品等
构件强度	较好	有待提高
产品周期	相对较长	短
智能化	不容易	容易实现

3D 打印与平面打印

我们常见的平面打印机是用来打印纸张的，是将所需要打印信息形成打印机可读的文件（如 word 文档、图片等其他的格式），然后将此文件信息传递到打印机，最终在打印纸上以平面形状的方式将文件内容打印出来。

与平面打印类似，3D 打印是将想要打印的物品的三维形状信息转变成 3D 打印机可以解读的文件，然后将文件传输到 3D 打印机，3D 打印机解读文件后，以材料逐层堆积的方式打印出立体形状。这种以逐层堆积材料来获得最终形状的方式，即 3D 打印。

构建文档　　　　将数据传输打印机　　　文件输出

平面打印基本流程

构建三维模型　　将数据传输打印机　　模型输出

3D 打印基本流程

3D 打印的发展

　　说到 3D 打印技术的发展起源，可追溯至 20 世纪 70 年代末到 80 年代初期。美国 3M 公司的 Alan Hebert（1978 年）、日本的小玉秀男（1980 年）、美国 UVP 公司的 Chuck Hull（1982 年）和日本的丸谷洋二（1983 年）各自独立提出了这种概念。

　　1986 年，Chuck Hull 率先推出光固化方法（SLA，Stereo Lithography Apparatus，3D 打印技术的一种），这是 3D 打印技术发展的一个里程碑。同年，他创立了世界上第一家 3D 打印设备的 3D Systems 公司，并于 1988 年生产出了世界上第一台 3D 打印机 SLA-250。

　　1988 年，美国人 Scott Crump 发明了另外一种 3D 打印技术——熔融沉积制造（FDM，Fused Deposition Modeling，3D 打印技术的一种），并成立了 Stratasys 公司。目前，这两家公司是仅有的两家在纳斯达克上市的 3D 打印设备制造企业。1989 年，C.R.Dechard 发明了选择性激光烧结法（SLS，Selective Laser Sintering，3D 打印技术的一种），利用高强度激光将材料粉末烧结直至成型。1993 年，麻省理工大学教授 Emanual Sachs 发明了一种全新的 3D 打印技术（3D Printing），这种技术类似于喷墨打印机，通过向金属、陶瓷等粉末喷射粘接剂的方式将材料逐片成

Chuck Hull 与 SLA-250

型，然后进行烧结制成最终产品。其优点在于制作速度快、价格低廉。随后，Z Corporation 公司获得麻省理工大学的许可，利用该技术生产 3D 打印机，"3D 打印机"的称谓由此而来。

3D 打印发展简史

时 间	技 术 与 产 品	公 司
1977 年	Swainson 提出可以通过激光选择性照射光敏聚合物的方法直接制造立体模型	
1984 年	Chuck Hull 发明三维立体模型成型技术	
1986 年	Chuck Hull 发明立体光刻工艺；Chuck Hull 制造出世界上第一台商业 3D 印刷机	美国 3D Systems 公司成立
1988 年	熔融沉积成型（FDM）技术；全球第一台基于 SL 技术的 3D 工业打印机 SLA-250	美国 Stratasys 公司成立
1989 年	选择性激光烧结技术（SLS）	德国 EOS 公司成立

（续表）

时　间	技　术　与　产　品	公　　司
1991 年	叠层法快速成型（LOM）系统	
1992 年	Stratasys 推出第一台基于 FDM 技术的 3D 工业级打印机； DTM 推出首台选择性激光烧结（SLS）打印机	
1993 年	Emanual Sachs 发明三维印刷技术（3DP）	
1995 年		Z Corporation 公司成立
1996 年	3D Systems、Stratasys、Z Corporation 分别推出三款 3D 打印机； 第一次使用"3D 打印机"的称谓	
1997 年	3D 打印的耳朵成功移植在老鼠背上	
1998 年	LENS 激光烧结技术	
1999 年	3D Systems 推出 SLA 7000	
2000 年	Object 更新了 SLA 技术，大幅度提高制造精度	
2001 年	Solido 开发出第一代桌面级 3D 打印机； 首例 3D 打印颅骨修复手术	3D Systems 收购 DTM Corporation
2002 年	Stratasys 推出 Dimension 系列桌面级 3D 打印机； 世界上第一个使用 3D 打印制造的肾脏诞生	
2003 年	DMLS 激光烧结技术	
2005 年	Z Corporation 公司开发出世界上第一台高精度彩色 3D 打印机 Spectrum 2510	
2007 年		3D 打印服务创业公司 Shapeways 成立
2008 年	第一台开源的桌面级 3D 打印机 RepRap 发布	

（续表）

时　间	技　术　与　产　品	公　司
2009 年	Makerbot 出售 DIY 套件，个人 3D 打印机兴起； 3D 打印出第一条人造血管	
2010 年	全球第一辆 3D 打印汽车 Urbee	
2011 年	第一台 3D 巧克力打印机；世界上第一架 3D 打印飞机创建完成	3D System 收购 Z Corporation 公司和著名的设计公司 Kemo 公司
2012 年	第一台 SLA 个人 3D 打印机；3D 打印人造肝脏组织	Stratasys 公司与以色列的 Object 公司合并
2013 年	液态金属用于 3D 打印； 3D Systems 推出打印彩色最多的 3D 打印机； 3D 打印金属手枪	Stratasys 收购 Makerbot
2014 年	ROKIT 公司发布全球首款能打印高强度工程塑料的桌面 3D 打印机； 首次将干细胞用于 3D 生物打印； 首次将 3D 打印钛合金假体肩胛骨和锁骨应用临床； 首款 3D 打印食用级食品问世	
2015 年	海尔发布全球首款 3D 打印空调； 首款可打印衣装的纤维 3D 打印机 Electroloom 问世；《科学》杂志发表了 CLIP 技术，利用每层图案作整幅投影去快速地令液态树脂固化的技术，打印速度较传统打印技术提高了 10 倍乃至 100 倍	
2016 年	华中大数字装备与技术国家重点实验室研发世界首创金属 3D 打印技术"智能微铸锻"； 澳大利亚初创公司 EVX Ventures 发布了一款名为"Immortus"的 3D 打印太阳能超跑概念设计。该车只要是晴天，就可以不间断运行	

中国 3D 打印——后起之秀

中国 3D 打印企业形成 3 个类别。自 20 世纪 90 年代以来，国内多所高校开展了 3D 打印装备及相关材料的自主研发，形成了以清华大学（FDM 技术为主）、西安交通大学（SLA 技术为主）、华中科技大学（SLS 技术为主）、华南理工大学（SLS 技术为主）、北京航空航天大学和西北工业大学（LENS 技术为主）为代表的研究团队而衍生出多家 3D 打印企业，并出现了商业化的公司，此为一个类别。另外一个类别是有 3D 打印工作经验的"海归"创立的企业，如华曙高科或是之前代理国外设备然后熟悉并自主开发的企业，如浙江闪铸，或是由做 3D 打印配套业务，而后逐渐往 3D 打印业务转型，如先临三维。最后一个类别是 3D 打印浪潮兴起后的 2013 年、2014 年成立的 3D 打印企业，偏桌面机领域和下游的应用领域，创客居多。

国内主要 3D 打印设备公司情况

公 司	主要产品与技术工艺
上海联泰	SLA 设备
北京太尔时代	生产 FDM、SLA 成型设备；光敏树脂和 ABS 塑料的打印材料
北京殷华	LOM、SLA 设备
武汉滨湖机电	SLS、MC 设备
西安恒通	SLA 设备及材料
上海富奇凡	FDM、SLS 等设备
中科院广州电子技术有限公司	SLA 成型技术的设备
盈普光电	SLS 设备
南京紫金立德	FDM 设备

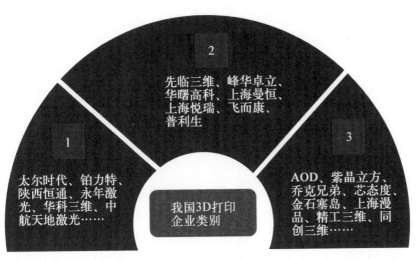

中国 3D 打印企业类别

华中科技大学快速成型中心自 1991 年开始进行快速成型技术的研究，目前在此领域已获得 30 余项专利，在快速成型制造工艺方面有优势，并已推出了 HRP 系列成型机和成型材料。1994 年成功地开发出我国第一台快速成型设备，2001 年获得国家科技进步二等奖，2011 年获国家技术发明二等奖并入选中国十大科技进展。由华中科技大学转化技术成立的武汉滨湖机电技术产业有限公司已销售了 200 多台打印设备。

以卢秉恒院士领衔的西安交通大学快速制造国家工程中心团队开展了以光固化技术（SLA）为主的设备开发。SLA 技术是第一个投入商业应用的 3D 打印技术，目前全球销售的 SLA 设备约占 3D 打印设备总量的 78%。在此团队基础上成立的陕西恒通智能机器有限公司，主要研制、生产和销售各种型号的激光快速成型设备（SPS 系统激光和 SCPS 紫外光快速成型机）、自主开发的光敏树脂材料以及快速模具设备，同时从事快速原型制作、快速模具制造以及逆向工程服务。公司产品已销售近 300 台，应用及服务于高校和汽车电器类企业等，近年来已在部分地区（宁波、常州、青岛、营口等）成功开展了产学研结合的推广基地和示范中心等项目。

西北工业大学凝固技术国家重点实验室自 1995 年开创性地发展了选择性激光熔化技术（SLM），专注于金属材料的打印和金属构件的修复再制造，已研制出具有自主知识产权的系列激光打印和修复再制造装备，并在国内首先实现商业化，应用于航空航天重点型号，解决了国家高新工程中一大批急迫的技术难题，为满足航空航天领域不断提升的制造技术要求提供了新的设计和制造工艺。

北京航空航天大学从 2000 年开始攻关，在 5 年时间里突破了钛合金等高性能金属结构件激光快速成型关键技术及关键成套工艺装备技术，制造出了 C919 大型客机机头工程样件所需的钛合金主风挡窗框，使我国跻身于国际上少数几个全面掌握这项技术的国家行列，并成为继美国之后世界上第二个掌握飞机钛合金结构件激光快速成型技术并装机应用的国家。

湖南华曙高科技有限责任公司由许小曙博士 2009 年回国创立，专攻选择性激光烧结（SLS）打印技术。SLS 是 3D 打印技术中唯一能面向打印终端产品的技术，涉及打印材料、激光和控制系统等环节。华曙高科既制造设备，又生产材料，还从事终端产品加工服务，是全球唯一一家拥有 SLS 完整产业链的企业。

近年来，我国政府对 3D 打印技术的越来越重视，开始着力推动 3D 打印产业的发展。2015 年 8 月 21 日，李克强总理主持国务院专题讲座，讨论加快发展先进制造与 3D 打印问题，他指出："以信息技术与制造技术深度融合为特征的智能制造模式，正在引发整个制造业的深刻变革。3D 打印是制造业有代表性的颠覆性技术，实现了制造从等材、减材到增材的重大转变，改变了传统制造的理念和模式，具有重大价值。"

国外 3D 打印——欣欣向荣

根据美国技术咨询服务协会 Wohlers Associates 发布的 2017 年度报告，2016 年全球 3D 打印产品和服务市场增长了

17.4%，达到 60.63 亿美元。当前该技术的市场渗透度（market penetration）为 8%，因此，该报告保守估计 3D 打印市场机会为 214 亿美元。乐观者则认为当前市场渗透度仅为 1%，从而 3D 打印市场机会为 1 700 亿美元。

从行业分布看，目前工业 / 商用机器占主导地位，约占 18.8%；汽车领域约占 14.8%；医疗和牙科领域约占 11.0%；消费电子领域占 12.8%；航空航天领域为 18.2%。

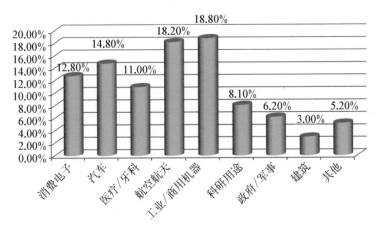

3D 打印技术行业分布

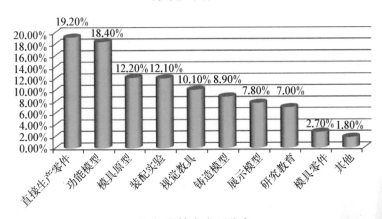

3D 打印技术应用分布

当前，欧洲、美洲和亚洲成为 3D 打印设备的主要需求市场。从所占市场份额来看，2016 年欧洲地区占 27.9%，北美地区

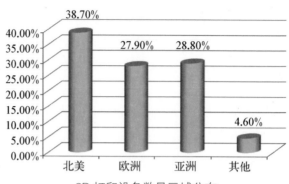

3D 打印设备数量区域分布

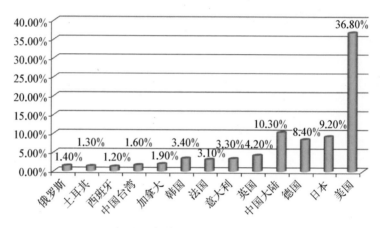

3D 打印设备数量国家（地区）分布

占 38.7%，亚洲地区占 28.8%，其他地区占 4.6%。其中，亚洲地区的应用主要集中在日本和中国，日本占亚洲地区应用的 38.7%，中国占亚洲地区应用的 32.9%。美国是 3D 打印设备安装量的第一大国，日本处于第二，接下来的是德国和中国。

3D 打印技术的优势与隐患

3D 打印技术的优势

3D 打印技术已经应用到各行各业，已经在工业设计、文化艺术、机械制造（汽车、摩托车）、航空航天、军事、建筑、影视、家电、轻工、医学、考古、雕刻、首饰等领域都得到了广泛应用。3D 打印技术与人类的工作和生活息息相关，人类的吃、穿、住、用、行活动都会借助于 3D 打印技术。概况起来，3D 打印的优势主要体现在以下几点：

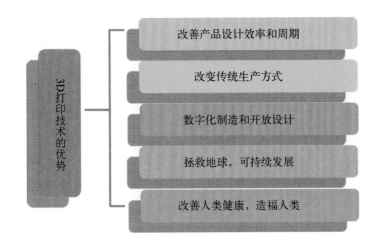

1. 改善产品设计效率和周期

3D 打印技术早已开始用于改善产品设计，通过打印出来"概念模型"，以实物形态展示出来，便于设计者观察。除了运用于概念设计阶段外，还被应用于制造工艺与装配检验阶段，可有效指导零件、模具的工艺设计，进行产品装配检验，避免结构和工艺设计错误。

现代企业的新产品开发需要时间很短，短时间上市的重要性不言而喻，在设计的概念阶段，企业不得不缩短决策时间，同时又必须确保所作决定的准确性。这些决定会影响大部分的成本因素，如材料选择、制造技术以及设计寿命。通过快速制作产品模型进行测试，加快设计迭代速度，3D 打印技术可以优化设计流程，使企业潜在利润最大化。

2. 改变传统生产方式

3D 打印技术改变了传统机械加工去除式的加工方式，不采

用刀具、机床等制作零部件，而是采用逐层累积式的加工方式，带来了制作方式的变革。从理论上来说，3D 打印技术可以制作出任何复杂形状的零部件，材料利用率可以达到 100%。特别是一些具有复杂形状和几何特征的制造，使用传统方法制造是很困难的，而 3D 打印技术则在这种复杂部件领域更有竞争力，因为任何部件都可以进行数字化建模。在保障零部件必要的强度和刚度情况下，构建出远远轻于传统制造的结构，实现轻型化的零部件是 3D 打印技术的显著优点。例如，空中客车公司使用 3D 打印技术来设计和制作金属支架，这比利用数控机床进行机械加工的支架轻了 50%～80%。而采用传统的机械加工这种支架时，80%～90% 昂贵的航空铝合金将以碎片的形式成为废料。

3. 数字化制造和开放设计

3D 打印技术的建模和打印过程，都是采用数字化技术实现的。由于物联网技术的发展，还向着数字模型存储和数字模型传送方面发展。如你想给远方的朋友送件礼物，可以给

数字化制造平台

（图片来源：http://www.caxa.com/news/2006/812.html）

对方发送个数字文件，你的朋友在当地就用打印机打印出礼物了。

纽约一家利用 3D 技术生产消费品的公司 Quirky 拥有 20 万名的注册用户，该公司在线搜集用户的创意和产品设计图纸，用3D 打印机以最快的速度成型，再上传讨论，最终确定方案后批量生产。产品在线上和线下都会有销售，设计者常从一个创意就获得不菲的收入，有的用户一年能赚几万美元。

4. 拯救地球，可持续发展

当前，人类不合理地开发、利用自然资源引起生态环境的退化，并由此衍生了环境效应对人类的生存环境产生不利影响的现象。例如，人类的许多活动都向大气、水体、土壤等自然和人工环境排放有害物质，造成了环境污染。许多产品是通过运输才能够达到我们手里，大量的燃油、电力和其他资源在世界范围内被用来输送产品。而 3D 打印技术"本地化"制造，则减少了大量的资源消耗。并且，3D 打印可以提高资源的使用效率。此外，通过 3D 打印技术还可实现轻质材料结构制造，得到可持续产品，生产出高价值的航空、医疗和工程部件。

5. 改善人类健康，造福人类

3D 打印的个性化特点非常适合在医学上的应用。3D 打印技术可以提供医学模型，医生和患者一起讨论手术的风险，并选择相应的适合患者的治疗方案，达到最佳治疗效果。也可以打印出植入物，替代人体中的组织结构。

直接打印出"有功能"的人体器官和组织是人类一直以来的梦想。生物 3D 打印为医学研究和再生治疗打印功能性人体组织和器官，是 3D 打印技术研究中最前沿、最具有价值的研究领域。生物 3D 打印所使用的材料可以是各种活细胞混合液构成的"生物墨水"，通过控制实现精确打印速度和"墨水"流量，实现相关细胞的逐层打印并形成 3D 组织构架，未来医生可以通过直接为患者生物打印新细胞而治愈伤口。

未来生物 3D 打印机概念演示

（图片来源：explainning the future.com）

3D 打印技术面临的负面影响

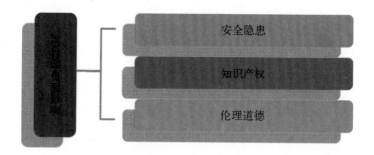

1. 安全隐患

　　前不久，一个狂人大胆想象用 3D 打印机去制造枪械，着实让人心惊肉跳。枪械机件的数码模型是十分容易传播的，也许一个带有 STL 文件的 U 盘就能让 3D 打印机制造出极具杀伤性的武器。由总部位于得克萨斯州奥斯汀的 3D 打印公司"固体概念"（Solid Concepts）设计制造出了一款手枪，该手枪所依照的样式是美军曾经的经典装备布郎宁 1911 式手枪，3D 打印金属手枪在外观上已经和兵工厂生产的原装布郎宁 1911 式手枪没有差别。该手枪成功发射了 50 发子弹，并在测试中多次击中 30 米外的靶心。

金属打印手枪

2013 年 8 月，悉尼警方逮捕了一伙犯罪嫌疑人，该团伙使用了 3D 打印机和 CAD 技术，设计了两种类型的 ATM 自动取款机，并实际制造出这些自动取款机来窃取现金。当你把卡插入 ATM 卡插槽的设备，插槽里的设备会提取你的卡上数据，骗子可以使用这些信息复制出信用卡。该设备还带有隐藏摄像机，或一个不显眼的复合式小键盘一起使用，在同一时间记录你的密码等数据，然后制造假卡盗取你的资金。

同样，3D 打印出一把万能的钥匙，大门就可以轻轻地打开，你的财产安全就岌岌可危了。3D 打印面具，人脸安全识别系统的安全性就大大地被破坏。

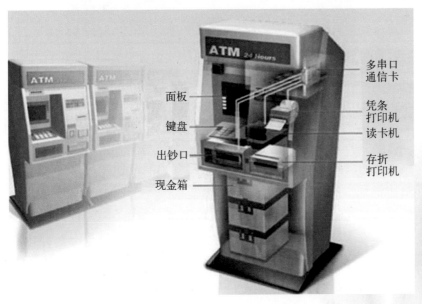

3D 打印机设计的 ATM 自动取款机

2. 知识产权

3D 打印技术可以通过扫描原有的物体再生成三维数据，再进行打印就能得到想要的物体。因此，模仿者能轻而易举地在市场上快速地推出新产品，极有可能像最初的音乐、电影和电视领域一样面临盗版的问题。文物制造者通过打印就可以制造出仿制古董，达到以假乱真。"紫砂泰斗"顾景舟大师制壶极品之作"仿古如意壶"，通过三维数字化和 3D 打印技术在壶的造型方面能做到完全一致，再利用文物修复技术在沙感和色彩方面做到一致。

3D 打印的"仿古如意壶"

3. 伦理与道德

3D 打印技术可以制造别人的私有物品或违禁品，如可以来制造钥匙。3D 打印在医学上可以造福人类，比如医学修复、整形等方面可以帮助人们摆脱残疾的困扰，但是如果 3D 打印克隆人体器官，这给医学界带来无限想象力的同时，也面临着伦理上的极大困境。科学的发展在带给人类进步和便利的同时，也有可能产生负面影响，因此，我们要客观、理性地对待新技术和运用新技术。

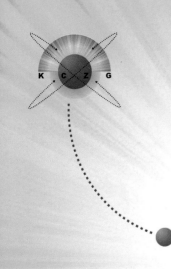

三维数据如何获取和处理

前面我们讲到，3D 打印过程与平面打印类似：构建可打印的数据信息文件传输到打印机去打印。不同的是，3D 打印过程中，构建可打印的数据文件实质上是构建打印物品的三维形状信息。在所有的 3D 打印工艺当中，打印物品的三维数字模型都需要经过分层切片处理。数据处理结果会直接影响到打印原型的质量和精度以及打印的效率。

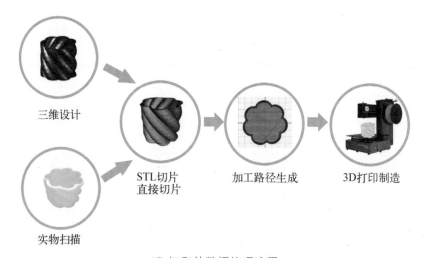

三维设计

实物扫描

STL切片
直接切片

加工路径生成

3D打印制造

3D 打印的数据处理流程

小贴士

　　分层切片：类似微积分，我们把三维零件看作是许多等厚度的二维平面轮廓沿某一坐标方向叠加而成。因此，依据计算机上构成的产品三维设计模型，可先将 CAD 系统内的三维模型切分成一系列平面几何信息，即对其进行分层切片，得到各层截面的轮廓信息。此轮廓信息就是打印的路径。

三维数据的获取

如何获取三维数据呢？三维数据的获取途径主要有逆向工程和正向设计两种。逆向工程也称反求工程，是指根据实物模型测得的数据构造出 CAD 模型，继而将这些模型和设计表征用于产品的分析和制造，并且可以通过对重构模型特征参数的调整和修改来达到对实物模型的逼近或优化，以满足后续的加工要求，是从数字化点的产生到 CAD 模型的一个推理过程。正向设计利用三维软件按照自己的想法和概念，通过计算机设计出物体的三维模型。

逆向工程获取实物三维模型——从实到虚

利用逆向工程在 3D 打印过程中获得实物模型，常用的是通过 3D 扫描或是通过 CT 影像重建三维数据。

1. 3D 扫描

什么是 3D 扫描？看过著名影星成龙的电影《十二生肖》的人肯定会被其中一个片段震撼。成龙来到一个装有十二生肖的铜头像房间，戴上白手套，朝着铜头像摸了一下。在另外一个房间内，一模一样的铜头像就被复制出来，栩栩如生，如假包换。怎

《十二生肖》剧照
（图片来源：《3D 打印虎》）

3D 扫描仪对实物进行扫描

（图片来源：麦递途工贸（上海）有限公司）

么会如此神奇？其奥妙在于他的白手套。事实上，白手套里内嵌3D 扫描装置，能够将铜像的三维数据扫描获取并传输，再利用3D 打印装备将铜头像打印出来。

3D 扫描是指通过记录被测量物体表面的形状（几何构造）与外观数据（如颜色、反射率和纹理）等信息，复制出被测物体的三维模型数据信息的技术。目前，3D 扫描被广泛应用于工业工程逆向设计、质量检测、文物建筑修复、牙齿矫正、电影制作、游戏创作等各个领域。

借助 3D 扫描仪，我们可以对小型的、大型的物件或者人体进行扫描，获取三维数据，再利用 3D 打印技术打印出来。目前3D 扫描仪也越来越强大，譬如扫描人体，仅需 1 分钟就可以完成，扫描一辆小汽车，也只需要 20 分钟左右。而且，扫描精度和速度随着科技的发展也越来越高。

2. 通过 CT 影像重建三维数据

医院检查获得的影像数据（CT、核磁共振）也可以通过软件重建成三维数据。重建后的三维数据对临床诊断、治疗以及手术效果的预测具有重要价值。

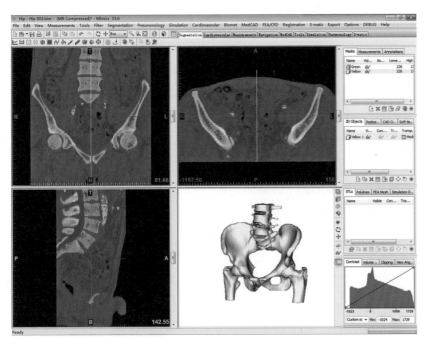

Mimics 医学三维重建软件

Mimics 医学三维重建软件的功能
（图片来源：Materialise 官网）

CT（Computed Tomography），即电子计算机断层扫描。利用 X 射线、γ 射线、超声波等，与灵敏度极高的探测器一同围绕人体的某一部位作一个接一个的断面扫描。这样得到的影像序列文件只需要通过医学三维重建软件处理后就可获得三维模型。目前比较主流的医学三维重建软件是比利时 Materialise 公司的 Mimics。通过重建好的三维模型，医生能够更加直观地了解患者的病情，进行有效的术前模拟，针对特殊的病例设计定制化的医疗器械，利用重建的模型结合医疗器械进行生物力学分析，让医疗变得更加精准和科学。

正向设计获取实物三维模型——从无到有

1. 如何进行三维模型设计

三维设计软件主要由一个虚拟的三维空间和一系列设计工具构成，可以用来制作效果图和三维动画，也可以生成工程图纸进行生产加工。3D 打印技术的出现将模型数据更高效地转化成实物模型甚至产品。

2. 三维设计软件的分类

三维设计软件按照建模方式分为基于网格建模的软件和基于实体特征建模的软件。

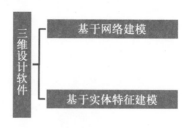

基于网格的三维设计软件由基础网格构成三维模型，主要应用于影视、娱乐和多媒体方向，该类软件建模自由灵活，擅长构建人物等复杂结构模型，但是相对尺寸的概念比较弱化，模型尺寸的控制比较困难，代表软件包括 3ds max、Maya、blender 等。

基于实体特征的三维设计软件通过曲线生成曲面和实体的方式构建三维模型，主要应用于工程设计和生产，该类软件由尺寸数据驱动模型，参数化的建模方式使这类软件在应对装配结构等有精确尺寸要求的设计时游刃有余。目前的代表软件有 PTC 公司的 Creo，西门子公司的 UG，达索公司的 Catia、Solidworks 等。

3. 常见三维软件有哪些

全球 3D 设计程序主要生产厂商有 Autodesk、Pixologic、Solidworks 等。其中 Autodesk 在全球设计软件公司中拥有最长产品线和最广行业覆盖，用户遍及 150 多个国家和地区，是行业内最具实力的公司。微软和 Adobe 从 2013 年起也开始进军这一领域。

常见的三维软件

生产厂商	软 件	简 介	特 点
Autodesk	3ds max	高性价比的三维建模、动画和渲染软件	基于网格的三维软件，广泛应用于建筑效果图和游戏产业
	Maya	三维建模、动画、模拟和渲染的平台级软件	功能强大，与其他软件衔接方便，广泛应用于影视娱乐行业
	AutoCAD	广为流行的计算机辅助设计绘图软件	便捷的 2D 和 3D 辅助设计软件，建筑和工业设计领域大量使用
	Inventor	参数化三维设计软件	特征建模、参数化设计，简化了建模过程，让工程师更专注设计
	Alias	先进的工业造型设计软件	大量用于汽车，消费产品外观造型设计，复杂曲面造型功能强大
dassault systemes	CATIA	高端模块化三维产品设计软件	支持从设计分析到加工的全部工业设计流程，适合大型产品的设计

生产厂商	软 件	简 介	特 点
dassault systemes	Solidworks	基于 Windows 开发的三维 CAD 系统	界面简洁、操作灵活、易学易用、功能强大
robert mcneel	Rhino（犀牛）	基于 PC 的专业三维造型软件，广泛应用于消费产品、建筑设计等领域	基于 Nurbs 建模，复杂造型功能强大，众多插件支持使用灵活应用领域广
Siemens PLM	ug（Unigraphics NX）	参数化产品工程三维设计软件	轻松实现各种复杂实体造型，功能覆盖产品设计分析到加工生产整个过程
Pixologic	Zbrush	三维数字雕刻和绘画软件	超强的三维艺术造型能力，广泛应用于影视娱乐行业
Google	Sketchup	简单易学、使用有趣的三维软件	操作方便，配合 google 的三维模型库，使用方便高效
PTC	Pro/E	计算机辅助设计、辅助分析，辅助生产一体化的三维软件。应用参数化技术的最早三维设计软件	参数化设计，基于简单特征的建模方式，由参数来约束特征的尺寸形状
geomagic	freeform	基于三维数字雕刻的工业造型设计软件	能够利用触觉完成 3D 造型设计，真实的雕刻感觉完成复杂产品建模

（1）AutoCAD

AutoCAD 软件是由美国 Autodesk 公司出品的一款计算机辅助设计软件，用于绘制二维制图和基本三维设计，由于它在工程图表现方面的便捷实用同时兼具三维功能使得 AutoCAD 在全球广泛使用，被用于土木建筑、工程制图、电子工业等多个领域。

（2）Cero

PTC 公司旗下的计算机辅助设计、辅助分析，辅助生产一体化的三维软件。是应用参数化技术的最早三维设计软件。包括在工业设计和机械设计等方面的多项功能，广泛应用于电子、机械、模具、汽车、航天、家电等各制造行业。

（3）UG

Siemens PLM 公司出品的参数化产品工程三维设计软件，能够轻松实现各种复杂实体造型，功能覆盖产品设计分析到加工生产整个过程，软件包含企业中应用最广泛的集成应用套件，可以全面改善设计过程的效率，削减成本，并缩短进入市场的时间。

（4）CATIA

达索旗下高端模块化三维产品设计软件，支持从设计分析到加工的全部工业设计流程，先进的混合建模技术、强大高级曲面功能以及协同并行工作的模式使得 CATIA 在航空航天、船舶、汽车等大型产品的设计中得到广泛的应用。

（5）Solidworks

达索中端主流市场的三维设计软件，是完全基于 Windows 开发的三维 CAD 系统。软件界面简洁、操作灵活、易学易用、功能强大。使用者能够专注于设计本身，提高工作效率，快速而高质量地完成设计工作。

4. 这些免费三维软件，总有一款适合你

（1）Autodesk 123D

Autodesk 123D 是面向全球学生的免费的 3D 设计方案，由一系列功能不同的软件构成，包括照片生产 3D 模型软件 123D Catch、角色设计 123D Creature 等 6 个，具有各种不同的功能。所有软件基本都提供了移动端的 App 版本，操作使用十分简单，软件下载方便。

网址：www.123dapp.com

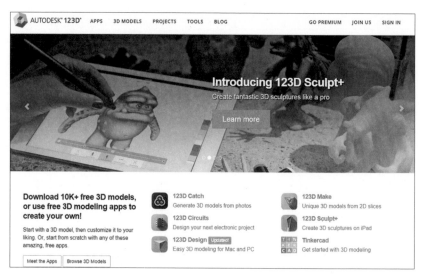

Autodesk 123D 官网

（2）Sculptris

Pixologic 旗下的免费入门级雕刻软件，需要配合手绘板操作，适合没有计算机动画基础的入门者，界面简单清晰，操作便捷，极易上手。

网址：http://pixologic.com/sculptris/

艺术家 Barry Croucher 利用 Sculptris 创作的作品
（图片来源：Sculptris 官网）

（3）Blender

Blender 是一款开源免费的平台级三维软件，提供从建模、动画、渲染到音频处理、视频剪辑等一系列工具，功能十分强大，相比较之前的软件要专业得多，适合有一定基础的用户使用。

网址：www.blender.org

Blender 软件界面

通过互联网获取 3D 模型——直接获取

1. 3D 模型网站和社区

目前国内外有许多 3D 技术相关的网站和社区，是获取 3D 数据和信息的重要资源，通过这些网站和平台能够获得最新的软件咨询，交流学习最新的三维技术，下载可以用来 3D 打印的三维模型。网站和社区一般都需要注册用户信息，之后便可以使用这些资源了，有些资源是收费的，不过，许多免费的资源对于一般使用者来说已经相当丰富了。

（1）魔猴网

魔猴网是国内比较有名的综合性的 3D 打印云平台，除了可

魔猴网首页

以在线下单进行 3D 打印和定制以外，网站还提供了 3D 工具和 3D 模型库。3D 工具包括了三维数据格式转换、文件修复、照片转换浮雕等基于云技术的功能，十分方便实用。3D 模型库也有许多实用的模型可供下载。

网址：www.mohou.com

（2）3D 虎

3D 虎是国内的一个 3D 打印相关的综合网站，随时咨询问答是网站的一大特色。另外，3D 虎也有一个可供下载的模型库，可以用来获取三维数据，模型库按照行业进行了划分，能够方便寻找需要的模型。此外，3D 虎还有一个专属的社区可以进行 3D 建模技术和 3D 打印技术的交流。

网址：www.3dhoo.com

（3）GrabCAD

Grabcad 起初由一群机械工程师创办，可以进行设计交流。网站的绝大多数 3D 设计都是免费的，供学习者下载学习和打印，来自世界各地的工程师们都可以在这里分享他们的成果，展示他

3D 虎首页

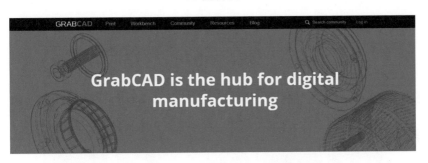

Grabcad 首页

们的作品。工程师可以在 GrabCAD 上分享相关知识，合作创建 CAD 模型或项目。网站也会定期和 NASA 这样的权威机构合作举办一些设计大赛等一些鼓励创新的活动。

网址：www.grabcad.com

2. 照片也可以生成 3D 模型

对于没有三维设计软件基础的朋友来说，通过照片生成三维模型无疑是十分方便和快捷的。Autodesk 公司的 123D Catch 将不同角度的照片上传至云端服务器，计算后获得彩色的三维模型。

Autodesk 公司的 123D Catch 目前提供 3 种使用模式：PC 版，iPhone 和 iPad 的 APP 版，网页版。PC 版本有照片检查、人工匹配特征点、删除多余面、精度选择等功能。网页版有封闭曲面、剪裁、拉伸等功能。需要 webGL 支持，或者使用火狐浏览器，使用 Autodesk 注册账户登录。

对于上传的照片来说，至少需要不同角度的照片 10 张以上，不然很可能转换失败，被拍摄物体的轮廓越明显，转换质量越高。

（1）登录 123D Catch 网站，上传转换图片，上传完毕按 "Pocess Capture" 开始转换

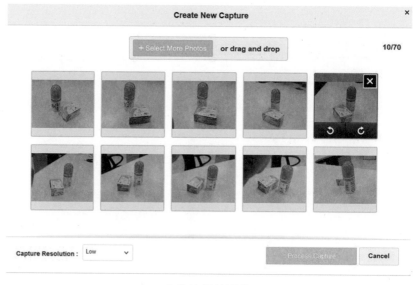

上传拍摄的照片

（2）等到转换完成 "Open Projecct" 打开完成转换的模型

（3）数据转换完成之后可以对模型进行调整并输出三维模型到本地

数据转换界面

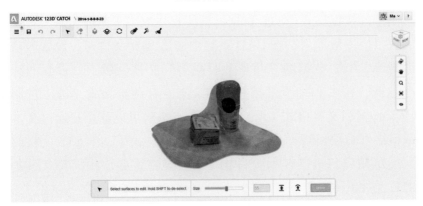

三维数据转换完成

三维数据输出保存

适合打印的数据格式

3D 打印主流文件格式

目前，打印设备能够接受 STL、PLY、VRML 等多种格式数据格式。但是应用最广泛的是 3D 打印机发明人查克·赫尔（Chuck Hull）在 1987 年发明的 STL 语言。这种语言是和当时的成型工艺相配合的一种较为简单的语言，目前已经成为 3D 打印制造技术标准。

STL 格式数据是一种用大量的三角面片逼近曲面来表现三维模型的数据格式。STL 数据的精度直接取决于离散化时三角形的数目。一般而言，在 CAD 系统中输出 STL 文件时，设置的精度越高，STL 数据的三角形数目越多，文件就越大，设置的精度越低，精度和细节就越差。STL 文件有两种格式，即二进制（Binary）和文本格式（ASC Ⅱ）。文本格式可以让用户通过文本编辑器来阅读和修改，主要用来调试程序。由于文本 STL 文件的大小是相应二进制 STL 文件的 3 倍，现在主要应用的是二进制STL 文件。

STL 格式文件的转换

作为一种通用的三维数据格式，目前绝大多数的三维软件都能够导入与导出 STL 文件。对于工程 CAD 软件来说，STL 格式的转换过程需要对模型重新三角面化，通过设置相应的参数能够有效地控制 STL 文件的精细程度。

对于纷繁复杂的三维模型格式来说，有没有一种无需通过安装各类三维软件来实现 STL 文件转换的简单直接的方法？答案是肯定的。目前有一些免费的在线三维格式转换网站可以实现各种三维格式文件的转换。对于个人或者不涉及保密的文件来说是十

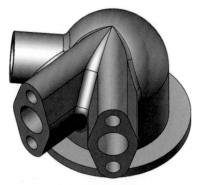
（a）原始三维模型

（b）三角化后的模型

模型的三角化

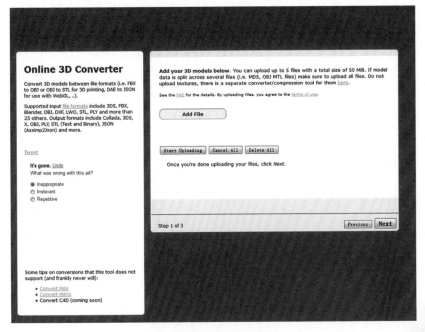

三维格式文件的转换网站

分便捷的。

网址：http://www.greentoken.de/onlineconv/

首先上传需要转换的三维模型数据，上传完成之后选择目标格式，STL、OBJ、PLY等进行转换，完成之后的文件可以在页面上下载。

STL 格式文件的修复

STL 格式的文件在数据转换的过程中经常会出现错误，这些错误会对 3D 打印产生影响，甚至造成打印失败。所以在进行打印之前对 STL 的模型进行修复十分重要。目前市面上有许多软件能够实现 STL 文件的修复，大部分软件都能够完成模型 90% 以上错误的自动修复。

1. netfabb

netfabb 现在是 Autodesk 公司旗下的一款针对 3D 打印的三维模型修复和处理工具，分为免费版和专业版，免费版的功能已经足够完成 STL 格式的文件的修复，并且操作简便能够自动诊断和显示模型错误，大多数情况下都能够实现一键修复，十分适合非专业的 3D 打印爱好者。软件可以在 netfabb 的官网注册下载。

网址：www.netfabb.com

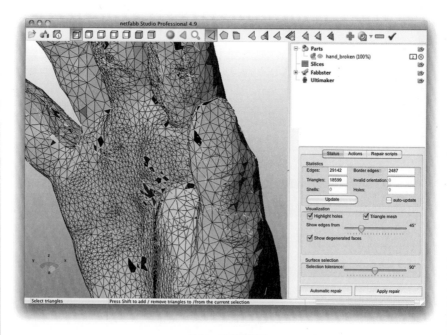

netfabb 软件界面

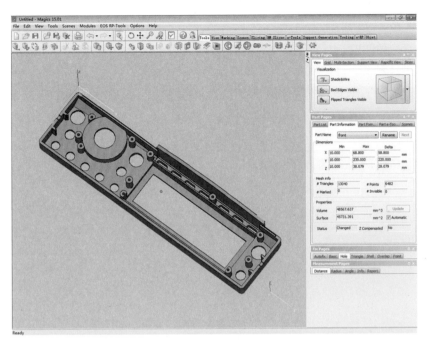

Magics 软件界面

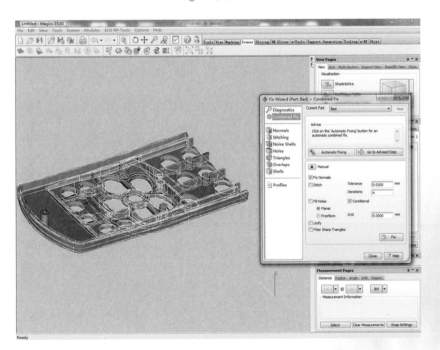

Magics 模型修复界面

2. Magics

Magics 是比利时 Materialise 公司旗下的一款专业 3D 打印软件，是 3D 打印制造领域最优秀的软件产品之一，它能够将不同格式的 CAD 文件转化输出到快速成型设备，能够修复和优化 3D 模型，针对 3D 打印分析零件的工艺性能，甚至直接在 STL 模型上进行 3D 变更，特征设计以及进行打印时间和成本估算，有效提高打印加工的效率和质量。

3D 打印技术
大家族

3D 打印技术的分类

我们常见的 3D 打印机大多设备比较小巧和简单，这种 3D 打印机一般运用熔融沉积成型（Fused Deposition Modeling, FDM）技术。

桌面级 FDM 打印机

除了常见的 FDM 技术，当然还有很多其他的 3D 打印机以及 3D 打印技术。目前应用较多的 3D 打印技术主要包括光固化成型技术（SLA）、熔融沉积成型技术（FDM）、选择性激光烧结/熔化技术（SLS/SLM）和三维印刷工艺（3DP）等。当然，这么多技术也并非是一台打印机可以完成的，每一种技术有相应的设备对应。不过，各个 3D 打印机的工作原理大同小异，均采用分层加工，层层叠加的原理，组成上也基本都由控制部件、机械部件、打印头、打印耗材等构成。所不同的是，材料的烧结成型原理不同，设备的结构也会稍有不同。譬如，SLA技术，打印的材料是液态的光敏树脂，设备利用紫外光对材料进行照射、层层固化、叠加而成型。FDM 技术则直接利用打印喷头对丝材进行加热熔化，由丝线构建面，层层冷却凝固叠加成型。

3D 打印技术的类型和属性

工 艺	成型原理	材 料	精 度	代表性公司
SLA	使用紫外线，在特定区域内固化液态光敏树脂	液态光敏聚合材料	0.1 mm	3D Systems、Envisiontec
3DP（Polyjet 材料喷射）	使用喷墨打印头喷射树脂液滴	聚合材料、蜡	0.016 mm	Stratasys、3D Systems、Solidscape
3DP（黏结剂喷射）	使用喷墨打印头喷射树脂液滴	聚合材料、金属、铸造砂	0.1 mm	3D Systems ExOne Voxeljet
FDM	使用机械喷嘴挤出半熔融材料，喷嘴移动进行堆积成型材料	聚合材料 ABS、Polycarbonate（PC）、Poly-phenylsulfone（PPSF）等	0.1 mm	Stratasys
SLS/SLM	采用激光或电子束定向烧结（熔化）材料	聚合材料、金属、陶瓷粉末	0.1 mm	EOS、3D Systems、Arcam、Optomec
LOM	是在片材表面涂覆上一层热熔胶，用热压辊热压片材，使之粘接，再用 CO_2 激光器切割零件截面轮廓	纸、金属	0.1 mm	Fabrisonic、Helisys、Kira

主流 3D 打印技术

不同的 3D 打印技术打印出性质完全不同的产品，不同的产品适用不同的用途。所以，我们往往根据产品的用途、性价比等

选择合适的工艺和技术。下面针对几种主流的 3D 打印技术做介绍。

熔融沉积成型技术（FDM）

1. 原理

熔融沉积成型（Fused Deposition Modeling，FDM），又称熔丝沉积，是一种快速成型技术。这项技术由美国学者 Scott Crump 于 1988 年研制成功。通俗地讲，FDM 就是利用高温将低熔点材料融化成液态，通过打印头挤出后冷却固化，最后在立体空间上排列形成立体实物。这就好比蛋糕裱花工艺，挤一点，堆一点，直至裱花完成。随着 FDM 技术专利的到期，网上开源的 FDM 设备以其低门槛、低价格迅速占领了 3D 打印的个人消费市场，而在国内工业级的 FDM 3D 打印市场中，国外产品仍是主流。

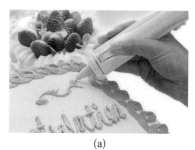

(a)　　　　　　　　　　　　　　(b)

蛋糕裱花（a）和 FDM 打印（b）
（图片来源：http://www.travelfish.hk/tc/deal/68-for-180-LUCKY-SKY-
Electric-Cake-Decorating-Pen）
（图片来源：http://www.dayinhu.com/news/42084.html）

2. 工艺特点

与其他 3D 打印成型方法相比，FDM 技术具有以下优势：

（1）不采用激光系统，使用和维护简单，从而把维护成本降到了最低水平。多用于概念设计的 FDM 成型机对原型精度和物理化学特性要求不高，便宜的价格是其得以推广的决定性因素。

（2）成型材料广泛，热塑性材料均可应用。一般采用低熔点丝状材料，大多为高分子材料如 ABS、PLA、PC、PPSF 以及尼龙丝和蜡丝等。其 ABS 原型强度可以达到注塑零件的 1/3，PC、PC/ABS、PPSF 等材料，强度已经接近或超过普通注塑零件，可在某些特定场合（试用、维修、暂时替换等）下直接使用。虽然直接金属材料零件成型的材料性能更好，但在塑料零件领域，FDM 工艺是一种非常适宜的快速制造方式。随着材料性能和工艺水平的进一步提高，会有更多的 FDM 原型在各种场合直接使用。

（3）环境友好，制件过程中无化学变化，也不会产生颗粒状粉尘。与其他使用粉末和液态材料的工艺相比，FDM 使用的塑料丝材更加清洁，易于更换、保存，不会在设备中或附近形成粉末或液体污染。

（4）设备体积小巧，易于搬运，适用于办公环境。

（5）原材料利用率高，且废旧材料可进行回收再加工，并实现循环使用。

（6）后处理简单。仅需要几分钟到 15 钟的时间剥离支撑后，打印件即可使用，而现在应用较多的 SLA、SLS、3DP 等工艺均存在清理残余液体和粉末的步骤，并且需要进行后固化处理，需要额外的辅助设备。这些额外的后处理工序一是容易造成粉末或液体污染，二是后处理时间增加了好几个小时，不能在成型完成后立刻使用。

（7）成型速度较快。一般来讲，FDM 工艺相对于 SLA、SLS、3DP 工艺来说，速度是比较慢的，但是也有一定的优势，当对原型强度要求不高时，可通过减小原型密实程度的方法提高 FDM 成型速度。通过试验，具有某些结构特点的模型，最高成型速度已经可以达到每小时 60 立方厘米。通过软件优化及技术进步，预计可以达到每小时 200 立方厘米的高速度。

同样，其缺点也是显而易见的，主要有以下几点：

（1）由于喷头的运动是机械运动，速度有一定限制，所以成

型时间较长。

（2）与光固化成型工艺以及三维打印工艺相比，成型精度较低，表面有明显的台阶效应。

（3）成型过程中需要加支撑结构，支撑结构手动拨除困难，同时影响表面质量。

3. 应用领域

FDM 技术是目前应用最为广泛的 3D 打印技术，由于整个打印过程不需要模具，所以大量应用于概念建模、功能性原型制作、制造加工、最终用途零件制造、修整等方面，也应用于政府、大学及研究所等机构。传统方法需几个星期、几个月才能制造的复杂产品原型，用 FDM 成型法无需任何刀具和模具，数小时甚至更短的时间便可完成。由于 FDM 工艺的特点，FDM 已经广泛地应用于制造行业。它降低了产品的生产成本，缩短了生产周期，大大地提高了生产效率，给企业带来了较大的经济效益。

如图为 FDM 技术打印的符合人体工程学的键盘。打印的模型允许在开发流程期间就对人体工程学性能进行精确的测试，再

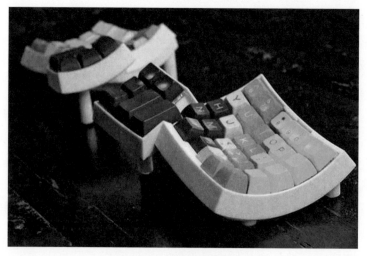

3D 打印符合人体工程学的键盘

（图片来源：http://digi.163.com/16/0408/05/BK3VS8NN001665EV.html）

现产品每个单独部件的物理特性。在多次测试周期期间可以对材料进行修改，从而实现在将产品全面投入生产前对其人体工程学方面进行优化。

光固化立体成型技术（SLA）

1. 原理

光固化立体成型（Stereo lithography Appearance，简称 SLA）技术可以算是"液态树脂光固化成型"这一大类中的一种。SLA 工艺中一般使用的是紫外光，材料通常是液态的光敏树脂，这种材料被紫外光照射后会快速固化。

从 3D 打印的历史上来看，最初的 3D 打印机用的就是 SLA 工艺。SLA 技术最早由美国人 Chuck Hull 发明，凭借这项技术，他在 1986 年成功开办了 3D Systems 公司。这项技术的原理为：在树脂槽中灌入具有一定黏稠度的液态的光敏树脂；工作台调整至光敏树脂液面下一个截面层厚的位置，那么平台上方就有了一个层厚的空间。随后，紫外光束在计算机的控制下，按照工件的

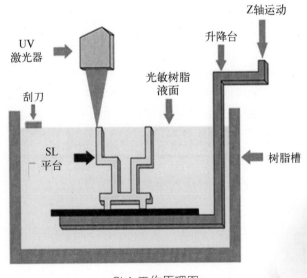

SLA 工作原理图

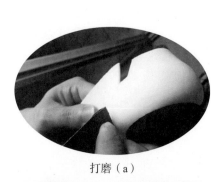

打磨（a）　　　　　　　　喷漆（b）

黏合（c）　　　　　　　　拼接（d）

SLA打磨（a）、喷漆（b）、黏合（c）、拼接（d）效果图

截面轮廓进行扫描从而得到工件的截面轮廓样式的塑料薄片。工作台下降一个截面层厚的高度，通过同样的方式加工下一个界面。通过这样一个截面的层层固化堆积将工件打印出来。

光固化立体成型工艺可以将工件的精度做得相对较高。就目前而言，光固化立体成型工艺主要用于打印精度相对要求较高，而利用传统加工工艺比较麻烦的工件和（或）工件样品。这种工艺多用于中小型工件，有些要求不高的甚至可以做成产品。SLA工艺通过打磨、喷漆、黏合之后可以达到比较好的效果。

2. 工艺特点

SLA工艺的优点：

（1）光固化立体成型是增材制造中最早研发出的工艺，即工艺最为成熟。

（2）由于工艺最为成熟，光固化立体成型的速度相对其他3D打印技术较快，系统工作相对稳定。

（3）光固化立体成型工业所能制作的工件尺寸也很大，最

SLA 工艺成形空间

SLA 成型工艺品

大甚至可以做到 2 m，在后处理过程中，尤其是上色，相对比较方便。

（4）光固化立体成型技术的精度相对较高，有些 SLA 机型甚至可以做到 0.025 mm。

（5）光固化立体成型技术所生产的工件表面质量较好，可以将小件工件加工得相对精细。

SLA 工艺的缺点：

（1）SLA 系统造价高昂，使用和维护成本过高。

（2）SLA 系统是要对液体进行操作的精密设备，对工作环境要求苛刻。

（3）成型件多为树脂类，强度、刚度以及耐热性有限，不利于长时间保存。

（4）预处理软件与驱动软件运算量大，与加工效果关联性太高。

（5）液态树脂具有挥发性，具有一定的气味，且对环境条件要求严格，需避光保存，防止树脂提前聚合变性。

（6）软件系统操作复杂，入门困难；使用的文件格式不为广大设计人员所熟悉。

3. 应用领域

光固化成型工艺由于具有成型设备自动化程度高、制作原型表面质量好、尺寸精度高以及能够实现比较精细的尺寸成型等特点，一改以往传统的加工模式，大大缩短了生产周期，提高了效率，使之得到最为广泛的应用。

在概念设计、单件小批量精密铸造、产品模型、快速工模具及直接面向产品的模具等诸多方面广泛应用于航空、汽车、电器、消费品、医疗、材料科学与工程及文化艺术等行业。

在航空航天领域，SLA 模型可直接用于风洞试验，进行可制造性、可装配性检验。通过快速熔模铸造、快速翻砂铸造等辅助技术可实现对某些复杂特殊零件的单件、小批量生产，并对发动机等部件进行试制和试验，进行流动分析。

小贴士

风洞实验指在风洞中安置飞行器或其他物体模型，研究气体流动及其与模型的相互作用，以了解实际飞行器或其他物体的空气动力学特性的一种空气动力实验方法。

在汽车制造领域，可用光固化成型技术制作形状结构十分复杂的零件原型，以验证设计人员的设计思想，并利用零件原型做功能性和装配性检验。如图为汽车水箱面罩原型，大大满足了产

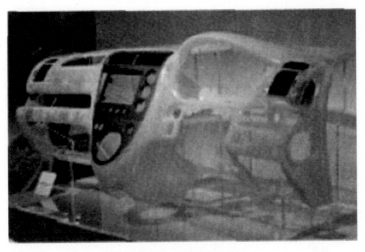

汽车水箱面罩原型

品更新换代的生产需求，缩短生产周期。此外，SLA 技术为铸造的铸模生产提供了速度更快、精度更高、结构更复杂的保障。

三维印刷工艺（3DP，黏结剂型）

1. 原理

三维印刷工艺（Three Dimensional Printing，3DP）是美国麻省理工学院的伊曼纽尔·萨克斯（Emanual Sachs）教授在 1993 年发明的。它可以制作出具有石膏、塑料、橡胶、陶瓷等原料属性的产品模型，还可以制作概念模型，广泛应用于成型工业、建筑设计、医用器械制备、汽车等领域。

3DP（黏结剂型）技术和平面打印非常相似。3DP 技术是通过喷射"胶水"将粉末材料黏结在一起。典型的 3DP（黏结剂型）打印机有两个缸体，左边为供粉缸，右边为成型缸。顾名思义，供粉缸用来盛装原材料，零件成型过程在成型缸完成。打印时先由铺粉辊从左往右移动，供粉缸里的薄薄的一层粉末随之均匀地铺在成型缸上，按照零件的截面数据，打印机头将液态黏合剂喷射在粉层指定区域。如此，粉末层与层之间粘结循环，最后

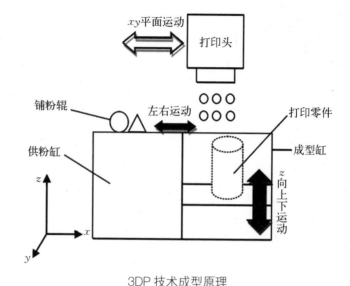

xy平面运动　打印头

铺粉辊　左右运动　打印零件

供粉缸　成型缸

z

z向上下运动

x

y

3DP 技术成型原理

得到完整的零件。这种技术可通过对墨盒数量及颜色的控制打印出多色三维零件。

2. 工艺特点

3DP（黏结剂型）工艺的优点：

（1）成型速度快，无需制作支撑结构，未被喷射黏结剂的地方为干粉，在成形过程中起支撑作用，且成形结束后，干粉比较容易清除。

（2）设备无需昂贵的核心器件，且部分耗材便宜，制件成本低，比其他工艺便宜至少一半以上。

（3）可直接输出彩色打印产品，无需后期上色。

3DP（黏结剂型）工艺的特点：

（1）由于粉末黏结的工作原理，制件成品表面较粗糙，精细度不高。

（2）制件强度较低，若需要获得一定强度的成品，需要进行后处理工艺，实施高温烧结、热等静压等。

3. 应用领域

3DP（黏结剂）技术主要的应用领域：一为原型验证和造型，

彩色打印原型

Exone 设备打印的砂型部分产品

二为铸造砂型打印。

　　原型验证主要是针对研发产品进行外观验证，主要采用
Z-Corp 设备。如图为彩色打印原型。

　　铸造砂型主要用于打印铸造砂型，采用 Exone 或 Voxeljet 设
备，如图为砂型产品。

三维印刷工艺（3DP，树脂型）

1. 原理

何谓 3DP（树脂型）呢？前面讲到 3DP（黏结剂型）是通过喷头喷射黏结剂将粉末材料黏结成型。与之类似，3DP（树脂型）通过喷射液态光敏树脂，树脂再经过光照固化来成型。这种技术目前主要有两家公司在使用，一是 Stratasys 公司（原本是 Objet 公司，后与 Stratasys 公司合并）的 Polyjet 技术，二是 3D Systems 公司的 Multijet Printing（MJP）技术。本书统一称为 PolyJet 技术。PolyJet 聚合物喷射技术是以色列 Objet 公司于 2000 年初推出的专利技术，也是当前最为先进的 3D 打印技术之一。

PolyJet 的喷射打印头沿 x 轴方向来回运动，工作原理与平面喷墨打印机十分类似，不同的是喷头喷射的不是墨水而是光敏聚合物。当光敏聚合材料喷射到工作台指定区域后，UV 紫外光灯将沿着喷头工作的方向发射出 UV 紫外光对光敏聚合材料进行固化。完成一层的喷射打印和固化后，设备内置的工作台会极其

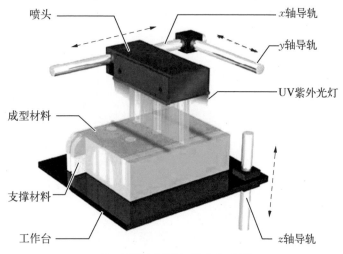

3DP（黏结剂型）技术示意图

精准地下降一个成型层厚，喷头继续喷射光敏聚合材料进行下一层的打印和固化。就这样一层接一层，直到整个工件打印制作完成。工件成型的过程中将使用两种不同类型的光敏树脂材料，一种是用来生成实际的模型的材料，另一种是类似胶状的用来作为支撑的树脂材料。这种支撑材料由过程控制被精确地添加到复杂成型结构模型的所需位置，例如一些悬空、凹槽、复杂细节和薄壁等的结构。当完成整个打印成型过程后，只需要使用水枪（Water Jet）就可以十分容易地把这些支撑材料去除，而最后留下的是拥有整洁光滑表面的成型工件。

小贴士

支撑材料：由过程控制，被精确地添加到复杂成型结构模型的所需位置，例如一些悬空、凹槽、复杂细节和薄壁等结构中往往需要打印支撑结构，起到稳定模型结构的作用，就像砌房子前需要先打地基，方能支撑上方墙体结构。

2. 工艺特点

3DP（树脂型）工艺的优点：

（1）质量高，精度高。使用 PolyJet 聚合物喷射技术成型的工件精度非常高，分层厚度最薄层厚能达到 16 μm。

（2）设备提供封闭的成型工作环境，适合于普通的办公室环境。

（3）PolyJet 技术还支持多种不同性质的材料同时成型，能够制作非常复杂的模型。

（4）可实现彩色打印。

3DP（树脂型）工艺的缺点：

（1）成本高，目前该技术的设备、材料及维护费用均较高。

（2）材料利用率相对较低，为避免堵头的问题，打印零件时需打印辅助件，会造成一定浪费。

数字光处理技术（DLP 技术）

1. 原理

DLP（Digital Light Processing）技术，即数字光处理技术，也可以归类为"液态树脂光固化成型"这种类型的立体成型技术。DLP 技术最早是由美国德州仪器（TI）公司的技术团队开发出来，迄今为止，许多其他公司的 DLP 机器也是由德州仪器所提供的芯片组进而研发出的。其原理与 SLA 技术原理相似，不过 DLP 技术使用的不是激光器，而是高分辨率的数字处理投影仪，这种数字处理投影仪可以发出特定波长的光，使得光敏树脂固化。树脂槽里的树脂材料经过逐层固化，最后形成工件，显然，DLP 技术一次固化一个面，而 SLA 技术一次固化一个点，从理论上来说数字光处理技术比光固化立体成型技术要快得多。DLP 技术被应用到 3D 打印行业，它打破传统激光振镜点扫描式，具有高亮度、高对比度和高分辨率的显示图像，因此 DLP 技术在 3D 打印中的应用越来越广。

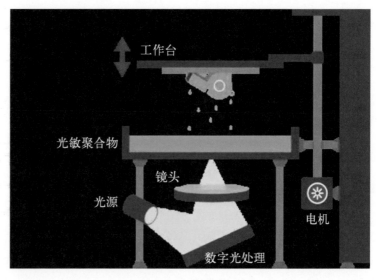

DLP 工作原理

2. 工艺特点

DLP 工艺的优点：

（1）DLP 技术在精度方面也有很大的优势。打印出的产品在细节、表面粗糙度以及性能方面相对来说都比较好，堪比注塑成型的塑料工件。

（2）加工速度快。数字光处理技术原理是投射成型，不管工件大小、复杂与否都不会影响到其加工的速度。

（3）设备成本低。数字光处理技术去除了昂贵的激光器部分，转而使用成本极低的投影仪进行照射固化。同时，由于整个装置不存在喷头，故而不会出现喷头被堵住的情况，极大程度上减少了维护的成本。

DLP 工艺的缺点：

（1）光源选择单一。SLA 光源的波长有 355 nm，365 nm，405 nm 等多种，而 DLP 打印机的光源市面上一般为 405 nm，主要是常规应用的德州仪器公司的核心芯片 DMD，经紫外光的照射后，寿命会缩短，如果要实现 355 nm 紫外光源的投射，光学系统需重新定制新的元器件，其光学成本将会非常昂贵。

（2）使用材料需与光源匹配性要求高。光固化树脂需要特定波长的光源来固化，一般来说，由于 DLP 投影的单位面积能量小，其匹配的树脂需对光有更好的灵敏度，否则固化反应速度慢，或者不能固化。相比较而言，SLA 是点光源，能量比较集中，非常容易固化对应的树脂，与之匹配的树脂对光的灵敏度要低一些

3. 应用领域

DLP 技术作为诸多 3D 打印路线中的一种，具备不受复杂三维结构限制及个性化定制的优势，因而继承并拓展了 3D 打印技术在加工、生产上的应用。目前 DLP 技术广泛应用于珠宝首饰行业、医疗行业等。传统工艺中，首饰工匠参照设计图纸、手工雕刻出蜡版，再利用一系列工序批量生产蜡模，最后使用蜡模进行浇铸，得到首饰的毛胚。手工雕刻的蜡板是影响首饰质量非常

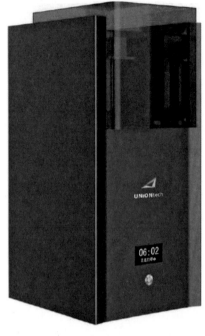

关键的因素。蜡版雕刻完全依赖工匠的水平，并且修改设计也相当繁琐。采用 3D 打印技术替代传统工艺制作蜡模的工序，将完全改变这一现状，3D 打印技术不仅使设计及生产变得更为高效便捷，更重要的是数字化的制造过程使得制造环节不再成为限制设计师发挥创意的瓶颈。此外，DLP 技术引入医疗领域，在能保证高精度的同时，能实现桌面级的尺寸，维护方便，性价比高，分层厚度小，做件效率较高，成型精细度甚至超过工业端的 SLA。

上海产业技术研究院开发的 DLP 装备

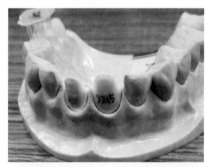

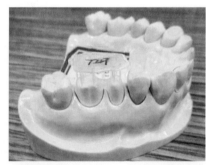

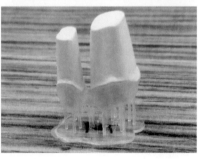

牙冠与牙桥打印样件

牙模打印

手术导板

上海产业技术研究院联合上海联泰三维科技有限公司共同开发的适合医用"一键式"桌面式 DLP 3D 打印机，其独立开发的智能化前处理软件，摆脱了对国外数据前处理软件平台的依赖，可以完成对患者的医学模型数据进行选择、摆放、支撑处理、数据切层、数据输出等功能，具有较强的自动化、专业化、功能化等显著特征，已经在上海市第九人民医院建立了应用示范基地，反响良好。

选择性激光烧结技术（SLS）

1. 原理

选择性激光烧结（Selective Laser Sintering, SLS）由美国得克萨斯大学奥斯汀分校的 Carl Dechard 于 1989 年研制成功，后美国 DTM 公司于 1992 年推出了该工艺的商业化生产设备

SinterStationt。SLS 工艺采用 CO_2 激光器将粉末状材料选择性烧结成固体件的方法成型，该工艺适合成型小件，可直接得到塑料、陶瓷或金属产品。目前，SLS 的粉末烧结材料多为尼龙、金属粉末材料、陶瓷粉末材料、纳米复合材料等。

整个工艺装置由粉末缸和成型缸组成，工作时粉末缸活塞（送粉活塞）上升，铺粉辊将粉末在成型缸上均匀铺上一层，计算机根据原型的切片模型控制激光束的二维扫描轨迹，有选择地烧结固体粉末材料以形成零件的一个层面。粉末完成一层后，成型缸下降一个层厚，铺粉系统继续铺上一层新粉。控制激光束再扫描烧结新层。如此循环往复，层层叠加，直到三维零件成型。未烧结的粉末仍可回收到粉末缸中。对于金属粉末激光烧结，在烧结之前，整个工作台被加热至一定温度，可减少成型中的热变形，并利于层与层之间的结合。

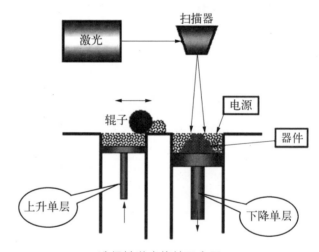

选择性激光烧结示意图

2. 工艺特点

SLS 工艺的优点：

（1）SLS 最突出的优点在于它所使用的成型材料十分广泛。从理论上说，任何加热后能够形成原子间黏结的粉末材料都可以作为 SLS 的成型材料。目前，可成功进行 SLS 成型加工的材料有石蜡、高分子、金属、陶瓷粉末和它们的复合粉末材料。

（2）SLS 成型材料品种多，用料节省，成型件性能分布广泛，适合多种用途。SLS 无需设计和制造复杂的支撑系统，所以 SLS 的应用十分广泛。

（3）制造工艺简单，柔性度高，材料价格便宜，成本低，材料利用率高，成型速度快。

SLS 工艺的缺点：

表面粗糙度高，得到的材质工件需进行渗铜等后处理。

3. 应用领域

由于成型材料的多样化，使得 SLS 适合于许多领域，如原型设计验证、模具母模、精铸熔模、汽车等行业。在众多的快速成型方法中，选择性激光烧结由于具有能直接加工成形近致密金属零件、应用领域广、成型材料选择范围宽等独特的优势，现已经成为众多科研机构和学者研究的热点，其发展也越来越受到重视。如图为采用 SLS 工艺快速制作内燃机进气管模型，可以直接与相关零部件安装，进行功能验证，快速检测内燃机运行效果以评价设计的优劣，然后进行针对性地改进，以达到内燃机进气管产品的设计要求。

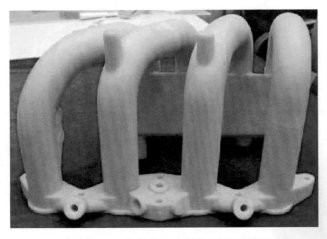

采用 SLS 工艺制作的内燃机进气管模型

叠层实体制造技术（LOM）

1. 原理

叠层实体制造技术（Laminated Object Manufacturing, LOM）又称层叠法成型，由美国 Helisys 公司的 Michael Feygin 于 1986 年研制成功。LOM 是几种最成熟的快速成型制造技术之一。这种制造方法和设备自 1991 年问世以来，得到迅速发展。此外，还有日本 Kira 公司、瑞典 Sparx 公司、清华大学、华中科技大学等也从事该技术研究。但目前该工艺已经被边缘化，仅有个别厂家生产此类工艺的快速成形机设备。

LOM 成形过程

LOM 工艺采用薄片材料，如纸、塑料薄膜等。简单来说，每层片材按照零件截面轮廓经过激光器切割，片层与片层之间由热熔胶黏结，层层叠加加工成型。热熔胶事先涂在片层表面，加工时，热压辊热压片材，使之与下面已成形的工件粘接。加工完成后，将多余废料去除，得到零件实体。

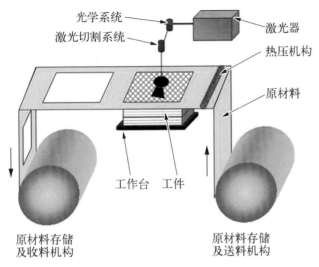

光学系统

激光切割系统

激光器

热压机构

原材料

工作台　工件

原材料存储
及收料机构

原材料存储
及送料机构

LOM 技术原理示意图

2. 工艺特点

LOM 工艺的优点:

(1) 成型速度快,制作成本低。只需使激光束沿着物体的轮廓进行切割,不用扫描整个断面,常用于加工内部结构简单的大型零件,制作成本低。

(2) 不需要设计和构建支撑结构。

(3) 原型精度高,翘曲变形小。

(4) 原型能承受高达 200℃的高温,有较高的硬度和较好的力学性能。

(5) 可以切削加工,废料容易从主体剥离,不需要后固化处理。

LOM 工艺的缺点:

(1) 有激光损耗,并且需要建造专门的实验室,维护费用昂贵。

(2) 可以应用的原材料种类较少,尽管可选用若干原材料,但目前常用的还是纸,其他还在研发中。

(3) 打印出来的模型必须立即进行防潮处理,纸制零件很容易吸潮变形,所以成型后必须用树脂、防潮漆涂覆。

(4) 此种技术很难构建形状精细、多曲面的零件,仅限于结构简单的零件,表面粗糙度高,有明显的台阶纹,成型件外表面

需进行打磨抛光。

（5）制作时，加工室温度过高，容易引发火灾，需要有人专门看守。

3. 应用领域

由于分层实体制造在制作中多适用纸材，成本低，而且制造出来的原型具有外在的美感性和一些特殊的品质，所以该技术在产品概念设计可视化、造型设计评估、装配检验、熔模铸造型芯、砂型铸造木模、快速制模母模以及直接制模等方面得到广泛的应用。LOM 可制作大型零件和厚壁样件，制作成本低廉、速度快，并可简便地从分析设计构思直接成型为成品。如图是汽车车灯设计过程中应用 LOM 快速成型技术，通过与整车的装配检验和评估，显著提高了车灯的开发效率和成功率，较好地迎合了车灯结构与外观开发的需求。

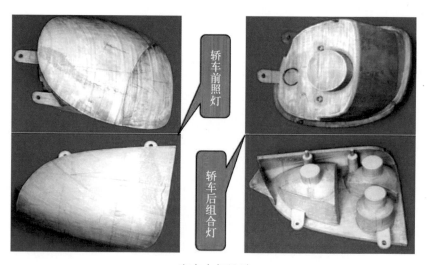

轿车前照灯

轿车后组合灯

汽车车灯设计

金属 3D 打印技术

利用 3D 打印技术直接制造金属零件以及金属部件是制造业对增材制造技术提出的终极目标。金属 3D 打印被称为"3D 打印王冠上的明珠"，是门槛最高、前景最好、最前沿的技术之一，逐步在各个领域中掀起创新热潮，成为先进制造技术的重要发展方向。该技术以金属粉末或金属丝材为原料，采用高功率激光束和（或）电子束熔融堆积生长，直接从 CAD 模型一步完成高性能构件的"近净成形"。随着金属增材制造技术不断发展，该技术在各个领域的应用也不断扩大，按照金属材料的添置方式可将金属 3D 打印技术分为三类：① 激光选区熔化（Selective Laser Melting, SLM）技术；② 采用电子束熔化预先铺展好的金属粉末的电子束熔融（Electron Beam Melting, EBM）技术；③ 使用激光照射预先铺展好的金属粉末，包括使用激光照射喷嘴输送的粉末流，激光与输送粉末同时工作的激光工程化净成形（Laser Engineered Net Shaping, LENS）技术，该方法目前在国内使用比较多，被设备厂家及各科研院所广泛采用。目前，这三种技术已发展到金属原型直接制造阶段。

激光选区熔化技术（SLM）

激光选区熔化技术（Selective Laser Melting, SLM）是金属 3D 打印技术中最重要的一部分，于 1986 年被美国得克萨斯大学奥斯汀分校申请了专利权，1988 年研制成功了第 1 台 SLM 设备，采用精细聚焦光斑快速熔化成 30～51 μm 的预置粉末材料，几乎可以直接获得任意形状以及具有完全冶金结合的功能零件，致密度可达到近乎 100%，尺寸精度达 20～50 μm，表面粗糙度达 20～30 μm，是一种极具发展前景的快速成形技术。

SLM 技术的基本原理主要有三步：① 建模：在计算机上利用 Pro/E、UG、CATIA 等三维造型软件设计出零件的三维实体模型；② 切片：通过切片软件对三维模型进行切片分层，得到各截面的轮廓数据，由轮廓数据生成填充扫描路径；③ 制件：刮刀把金属粉末平刮到加工室的基板上，激光束按当前层的轮廓信息选择性地熔融基板上金属粉末，加工出当前层的轮廓，然后工作平

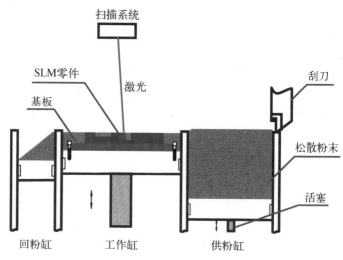

SLM 成形原理图

台下降一个图层厚度的距离，刮刀在已加工好的当前层铺上金属粉末，设备调入下一图层进行加工，如此层层加工，逐步堆叠成三维金属零件。整个加工过程在惰性气体保护下进行，避免金属在高温下与其他气体发生反应，影响制件。

总体来说，除具备快速原型技术的一般优点外，SLM 主要具有以下特点：

（1）成型制件的开发周期短。能直接制成终端金属或者近终端金属制件，极大地缩短了产品开发周期。

（2）成型制件致密度高。制得的金属制件相对密度理论上接近 100%，且具有快速凝固的组织，制件的机械性能与锻造工艺所得相当。

（3）成型制件的精度高。使用的激光能量源光斑小，密度高，制得的金属制件具有很高的尺寸精度（达 0.1 mm）以及表面粗糙度（$Ra \leq 10$ μm）。

（4）可成型复杂零件。特别适合于单件小批量、个性化定制、或采用传统工艺无法制造复杂或者异型结构的金属零件。

（5）SLM 技术的应用范围广。不仅可以应用在航空航天的高温复杂件，还可以应用在医学上组分连续变化的梯度功能件等。

SLM 的主要缺点有：

（1）加工速度相对较慢，大致为 20 mm³/s。

（2）零件尺寸大小还要受到铺粉工作箱的限制，当前常见的激光选区熔化成形设备制造体积为 250 mm × 250 mm × 280 mm，尚不适合制造大型的整体零件。

SLM 技术日益受到国内外专家的广泛重视，已成为目前所有快速成型技术中最具发展前景的技术之一。国外对 SLM 工艺进行开展研究的国家主要集中在德国、英国、日本、法国等。其中，德国是从事 SLM 技术研究最早与最深入的国家。第一台 SLM 系统是 1999 年由德国 Fockele 和 Schwarze（F&S）与德国弗朗霍夫研究所一起研发的基于不锈钢粉末的 SLM 成型设备。目前国外已有多家 SLM 设备制造商，例如德国 EOS 公司、ReaLizer 公司和 Concept Laser 公司等。

我国的 SLM 技术研究也具有相当长的时间，但由于 3D 打印市场发展缓慢，加上 SLM 技术力量主要集中在高校及一些研究院所，技术市场化还未取得突出的成绩。目前国内的金属 3D 打印机市场几乎均被国外企业所垄断。如图为上海产业技术研究院自主研发的 SLM 金属 3D 打印机及其成型的一些复杂件。

上海产业技术研究院 SITI-SLM250 金属 3D 打印机

SITI-SLM250 金属 3D 打印机打印出的金属复杂件

电子束熔融技术（EBM）

电子束熔融技术（Electron Beam Melting, EBM）与 SLM 技术相似，不过使用的热源不一样，前者采用电子束作为热源，后者采用激光作为热源。在真空环境下，利用电子束的能量将粉末床上铺展的金属粉末按照指定的路径扫描熔化、凝固，一层一层地堆叠，形成完全致密的零件。这种技术可以成形出结构复杂、性能优良的金属零件。现已广泛应用于快速原型制作、快速制造、工装和生物医学工程等领域。

EBM 技术的优点包括：

（1）成型过程不消耗保护气体：完全隔离外界的环境干扰，无需担心金属在高温下的氧化问题。

（2）无需预热：由于成型过程是处于真空状态下进行的，热量的散失只有靠辐射完成，对流不起任何作用，因而成型过程中

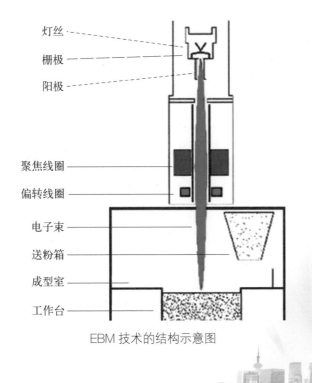

灯丝
栅极
阳极
聚焦线圈
偏转线圈
电子束
送粉箱
成型室
工作台

EBM 技术的结构示意图

热量能得到保持，温度常维持在 600～700℃，没有预热装置，却能实现预热的功能。

（3）力学性能好：成型件组织非常致密，可达到 100% 的相对密度。由于成型过程中在真空下进行，成型件内部一般不存在气孔，成型件内部组织呈快速凝固形貌，力学性能甚至比锻压成型试件都要好。

（4）由于在真空环境中成型，成型件没有其他杂质，原汁原味地保持着原始的粉末成分，这是其他快速成型技术难以做到的。

（5）成型过程可采用粉末作为支撑，一般不需要额外添加支撑。这就省去了成型前 CAD 数据准备时需添加支撑，成型后需去除支撑工作，大大节省了成型时间。

EBM 技术也存在以下缺点：

（1）受制于电子束无法聚到很细，该设备的成型精度还有待进一步提高。

（2）成型前需长时间抽真空，使得成型准备时间很长，而且抽真空消耗相当多电能，总机功耗中抽真空占去了大部分功耗。

（3）成型完毕后，由于不能打开真空室，热量只能通过辐射散失，降温时间相当漫长，降低了成型效率。

（4）真空室的四壁必须高度耐压，设备甚至需采用厚度达 15 mm 以上的优质钢板焊接密封成真空室，这使整机的重量比其他 3D 打印直接制造设备重很多。

（5）为保证电子束发射的平稳性，成型室内要求高度清洁，因而在成型前，必须对真空室进行彻底清洁，即使成型后，也不可随便将真空室打开，这也给工艺调试造成了很大的困难。

（6）由于采用高电压，成型过程会产生较强的 X 射线，需采取适当的防护措施。

目前，EBM 技术已成为很多行业内至关重要的技术，该技术无需机械运动部件，电子束移动方便，可实现快速偏转扫描功能。由于电子束的能量利用率高，熔化穿透能力强，可加工材料

瑞典 Arcam AB 公司电子束熔融金属快速成形设备

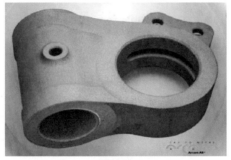

EBM 工艺成型的航天零件及起落架组成部分

广泛等特点，使其在人体植入、航空航天小批量零件、野战零件快速制造等方面具独特的优势。

　　瑞典 Arcam AB 公司发明了世界首台利用电子束来熔融金属粉末，并经计算机辅助设计的精密铸造成型机新设备，研发了商品化的 EBSM 设备 EBMS12 系列。

激光近净成形（LENS）

　　激光近净成形（Laser Engineered Net Shaping, LENS）技术是一种新的快速成形技术，它由美国 Sandia 国家实验室首先提出。其特点是：直接制造形状结构复杂的金属功能零件或模具；可加

工的金属或合金材料范围广泛；可方便加工熔点高、难加工的材料。该技术将传统的快速成形技术和激光熔覆技术相结合，研究具有任意复杂形状或复杂材料组分（在一个零件中两种以上不同的金属材料的组分按任意给定的复杂规律变化，以达到不同的特殊性能要求）的金属材料零件和（或）模具的快速制造技术。

LENS 技术是由激光提供加工热源，金属粉末通过送粉器经送粉喷嘴在保护气体的作用下汇集并输送到工作台指定区域，粉末在激光的作用下熔化、凝固后形成一个直径较小的金属点，通过点、线、面的搭接，构建零件的截面，再逐层熔覆堆积出任意形状的金属实体零件。

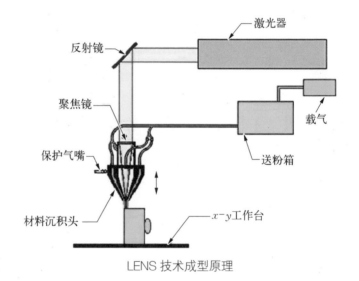

LENS 技术成型原理

小贴士

指定区域：首先由计算机辅助设计建立零件的三维模型，然后对模型数据进行分层切片，每层的切片数据可转换成数控代码，也就是零件每层的截面数据信息，所生成的数控代码输入数控机床系统，通过控制系统控制工作台上的指定区域，也就是零件的每层截面数据。

LENS 技术既保持快速成形技术的诸多优点，更具有传统快速成形技术所无法比拟的优点：

（1）可直接制造形状结构复杂的金属功能零件或模具。

（2）可加工的金属或合金材料范围广泛并能实现异质材料零件的制造。

（3）将金属或合金材料冶金过程和材料成形过程相统一。

（4）可方便地加工一些熔点高、难加工的材料。

LENS 存在的缺点为：

（1）制件成形效率较低，其堆积速率较慢。

（2）采用 LENS 技术建成的成形件表面质量较为粗糙，一般不能直接使用，需要后加工来提高表面质量。

（3）整个加工过程需要惰性气体保护，而且使用的是金属粉末，成本较高。

LENS 特别适应于现代技术快速、柔性、多样化、个性化发展的需求，在新型汽车制造、空间、航空、新型武器装备中的高性能特种零件和民用工业中的高精尖零件的制造领域具有极好的应用前景。

LENS 技术制造的 C-17 战机上的外挂架舱壁

　　目前LENS技术较多地用于高附加值金属航空航天零件的制造、修复及改型。例如飞机起落架、外挂架翼肋、外挂架舱壁等零件具有用量少、结构复杂等特点，一般使用钛合金、铝合金等高性能轻金属，这些零件采用传统的方法（铸、锻、焊、车）难以加工，或者即使可以加工，但是由于制模等过程零件加工所需的时间较长、复杂零件的加工受到限制以及我国缺乏大吨位水压机、油压机等基础设施的因素，限制了这些零件的快速面世。再如航空发动机涡轮转子、压气机定子等元件一般采用镍基合金或者钛合金制造，这些零件的制造过程费时费力，制造成本也较高，一旦缺损其修复的成本也较高，而LENS技术可以用于修复传统焊接方法无法修复的零件。如图为采用LENS技术制造的C-17战机上的钛合金外挂架舱壁。

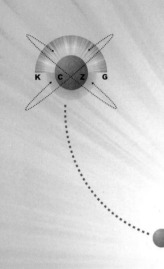

可用于 3D
打印的材料

材料是人类发展的标志性之一，从石器时代、青铜时代，直到目前的信息时代，都可以看出材料在人类社会的进步与发展中有着无可替代的巨大作用。任何一种材料的发现和使用，都会对人类的生活产生重大的影响，甚至从根本上改变传统的

(a) 石器时代

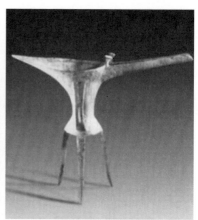
(b) 青铜时代

(c) 铁器时代

(d) 信息时代

各时代产物

（图片来源：http://www.k618.cn/hjly/kxsk/dzg/twq/201203/t20120323_2035365.htm）

（图片来源：http://baike.so.com/doc/10040520-10534856.html）

（图片来源：http://baike.so.com/doc/5687460-5900151.html）

（图片来源：http://baike.so.com/doc/2727345-2878914.html）

生产和生活方式，从这个意义上可以说人类文明史就是一部材料发展的历史。

3D 打印材料分类

3D 打印技术实际上是材料的成型技术，3D 打印耗材是 3D 打印技术发展的重要物质基础，也是当前制约 3D 打印发展的瓶颈，在一定程度上可以说，材料的发展程度决定了 3D 打印能否有更广泛的应用和发展。前面，我们谈到了各类 3D 打印技术，那是不是所有的材料都可以适用于这些技术呢？当然不是。目前，适合 3D 打印材料种类有限，主要有工程塑料、光敏树脂、金属材料和陶瓷材料等，除此以外，还有石膏、生物材料等。根据材料的物理状态，3D 打印材料分为液态、粉末、丝状以及块体材料等；根据材料的化学性能，3D 打印材料又分为金属材料、光敏树脂材料、生物材料、陶瓷材料等；根据成型工艺还可以分为 FDM 材料、3DP 材料等。

下表列出了不同工艺及其可应用的基本材料。

金属材料
光敏树脂材料
生物材料
陶瓷材料等

物理状态

化学性能

成型工艺

液态材料：光敏树脂等
粉末材料：非金属材料(尼龙、铸造砂等)
　　　　　金属材料(钛金属粉末、不锈
　　　　　钢粉末等)
丝状材料：ABS丝、PLA丝、金属丝等
块体材料：纸、金属薄膜、塑料薄膜等

FDM工艺：丝材挤出热熔成型
SLA/DLP工艺：液态树脂光固化成型
3DP工艺：液态喷印成型
LOM工艺：分层片材实体制造
SLS工艺：粉末烧结成型
SLM工艺：粉末熔化成型
……

3D 打印材料分类

打印材料与工艺

材料形状	打印工艺	材料
丝状材料	熔融沉积（FDM）	ABS、PLA、尼龙、食材等
	电子束熔丝沉积（EBDM）	钛合金、不锈钢等
	挤出成型	生物材料
液体材料	立体光固化（SLA）	光敏树脂
	数字光处理（DLP）	光敏树脂
	三维打印（3DP）	聚合材料、蜡
块体材料	分层实体制造（LOM）	纸、金属薄膜、塑料薄膜
粉末材料	激光选区熔化（SLM） 直接金属激光烧结（DMLS）	镍基，钴基，铁基合金、金属合金粉末
	电子束选区熔化（EBSM）	钛合金、不锈钢
	激光近净成形（LENS）	钛合金、不锈钢、复合材料等
	选择性激光烧结（SLS）	金属粉末、陶瓷粉末

应用于高附加值领域的金属材料

在金属 3D 打印工艺中，对材料的要求较为严格，除了需具备良好的可塑性外，还必须满足球形度高、流动性好、粉末粒径细小、粒度分布较窄、氧含量低等要求。目前，应用于 3D 打印的金属粉末主要有钴铬合金、不锈钢、钛合金、模具钢、镍合金等少数几种金属，此外还有用于打印首饰用的金、银等贵金属粉末材料。当前，已经有几家专用金属打印的金属粉末制造商，如美国 Sulzer Metco，瑞典的 Sandvik、Hoganas Digital Metal，英国的 LPW，意大利 Legor Group 等公司提供钴铬合金、不锈钢、钛合金、模具钢、镍合金等金属打印材料。下表是 3D 打印用金属材料的种类和主要用途。

3D 打印用金属材料的种类和主要用途

金属种类	主要合金与编号	主 要 用 途
钢铁材料	不锈钢（304L、316L、630、440C）、马氏体时效钢（18Ni）、工具钢、模具钢（SKD-11、M2、H13）	医疗器材、精密工具、成型模具、工业零件、文艺制品
镍基合金	超合金（IN625、IN718）	氧涡轮、航天零件、化工零件
钛与钛基合金	钛金属（CPTi）、钛合金（Ti-6Al-4V 合金）、Ti-Al、Ti-Ni 合金	热交换器、医疗植入物、化工零件、航空零件
钴基合金	F75（Co-Cr，Co-Cr-Mo 合金）、超合金（HS188）	牙冠、骨科植体、航太零件
铝合金	Al-Si-Mg 合金（6061）	自行车、汽车零件
铜合金	青铜（Cu-Sn 合金）、Cu-Mn-Ni 合金	成型模具、船用零件
贵金属	18K 金、14K 金、Au-Ag-Cu 合金	珠宝、文艺制品
其他特殊金属	非品质材料（Ti-Zr-B 合金）、液晶合金（Al-Cu-Fe 合金）、多元高熵合金、生物可分解合金（Mg-Zn-Ca 合金）	仍在研究开发阶段、主要用于工业零件、精密模具、汽车零件、医疗器材等
导电墨水	Ag 等	用于喷墨打印电子器件

常见的金属粉末特性

（1）$AlSi_{10}Mg$ 是典型的铸造铝合金，拥有良好的铸造性能，用于复杂汽车原型零部件，工业复杂零件，航空航天零部件，机械、石油化工、机电等工业零部件等。它拥有很好的强度、硬度与动态特性，因此也被用于高负载的零部件。在设计此类钢种时主要考虑的是良好的热加工性能与轻量化。

（2）钛合金作为大家所熟知的轻合金，拥有优良的机械性能

和抗腐蚀能力，兼顾着质轻与较高的生物相容性。设计此类钢种的最初设想是，被广泛应用于航空航天与汽车行业，由于其拥有良好的生物相容性，同时质量较轻，可作为人体的医疗植入物。

（3）IN718粉末是基于铁镍硬化的超合金，具有优异的耐腐蚀性以及良好的耐热和拉伸、疲劳、蠕变性能，IN718适合各种高端应用，包括飞机涡轮发动机和陆基涡轮机（叶片、环、套管、紧固件和仪表零件）。

（4）IN625在温度高达约815℃条件下依然能提供优良的负载性能，此外具有较强的耐腐蚀性能，这种合金广泛应用于需要高的点蚀、缝隙腐蚀和耐高温的行业，例如航空航天、化工和电力工业中。

（5）316L奥氏体不锈钢。具有高强度和耐腐蚀特性。316L可在很宽的温度范围内下降到低温，可在航空航天、石油、天然气等多种工程中应用，也可用于食品加工和医疗等领域。

（6）17-4PH马氏体不锈钢。耐腐蚀性，在高达315℃下仍然拥有高强度、高韧性，激光加工状态具有极佳的延展性。

（7）CoCr合金具有高的强度，优良的耐腐蚀性和良好的生物相容性，无磁性。由于具有高耐磨性、良好的生物相容性、无镍（镍含量＜0.1%）等特点，常用于外科植入物如合金人工关节、膝关节和髋关节。也可用于发动机部件、风力涡轮机和许多其他工业部件，以及时装行业、珠宝行业等。

粉末制造方法

粉末制备方法按照制备工艺主要可分为机械法和物理化学法两大类。物理化学法包括还原、沉积、电解和电化腐蚀四类；机械法主要有研磨、冷气体粉碎以及雾化法等，其中气雾化制粉适合3D打印用金属粉末的制造。雾化法可以进行合金粉末的生产，同时现代雾化工艺对粉末的形状也能够做出控制，不断发展的雾化腔结构大幅提高了雾化效率。雾化法制金属粉末是基于熔融金属（合金）的机械强度比固态时低若干数量级，粉碎熔融金属比粉碎固态金属

01 机械法：
研磨
冷气体粉碎
雾化法

02 物理化学法：
还原
沉积
电解
电化腐蚀

容易，所需能量也少，它是利用高压气体（空气、惰性气体）或高压液体（水、油等）以高的流速撞击于熔融金属流上，或借助于旋转盘的离心作用，迅速地将熔融金属雾化成粉末的技术。

雾化法

旋转雾化法	真空感应熔化气雾化	真空熔炼气雾化
依靠离心力克服金属液滴的表面张力，将熔化的金属破碎成微细液滴，凝固后形成金属粉末	预合金棒作为自耗电极，在不使用熔炼坩埚的情况下，通过将缓慢旋转的金属电极以一定的速度降低至一个环形感应线圈中进行感应熔化，金属液滴自由落入气体雾化喷嘴系统，在高速惰性气流下进行雾化制粉	金属或合金在真空坩埚条件下加热、熔炼，在气体保护的条件下，高速惰性气体流将金属液体破碎、雾化形成大量细小的液滴，液滴在飞行中凝固成球形或是亚球形颗粒

几种雾化制粉法

下图分别是采用旋转雾化法、真空熔炼气雾化、真空感应熔化气雾化对同一批 IN625 合金原料进行雾化制粉的 SEM 图。

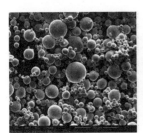

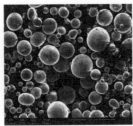

(a) 旋转雾化法　　(b) 真空熔炼气雾化　　(c) 真空感应熔化气雾化

IN625 合金原料进行雾化制粉的 SEM 图

典型金属粉末制造商

（1）Sandvik Osprey：瑞典的 Sandvik Osprey 的金属粉末在全球市场占有率最高，Osprey 开发了一系列适用于所有增材制造的气雾化金属粉末，包括：选择性激光烧结、熔渗、选择性激光熔融、电子束熔炼、直接金属沉积、激光工程化净成形。Sandvik Osprey 气雾化粉末产品包括不锈钢、工具钢、低合金钢、铜和青铜合金、齿科合金和医疗合金、超合金等预合金粉末。

（2）Hoganas：瑞典赫格纳斯产品运用的领域包括：粉末冶金零件，为每种零件和工艺提供最适合的粉末，其最著名的是铁基金属粉末。

（3）Carpenter Technology：美国卡彭特技术公司成立于1889 年，专业致力于特种合金的开发、制造和销售，至今已有120 余年历史。卡彭特技术公司生产包括镍基、钴基、钛、铬、铁等合金。在增材制造领域，主要提供不锈钢、钛合金以及工具钢金属粉末。

（4）LPW：英国 LPW 公司已开发出了全系列专门针对SLM、EBM 工艺进行优化设计的粉末，如 Al, Co, Fe, Ni, Ti 合金等金属粉末。LPW 为汽车、航空航天和医疗行业提供 3D 打印的金属粉末，粉末质量是产品的基础。所以 LPW 为其金属粉末提供全生命周期的服务：金属粉末、粉末分析、合金的开发、粉末管理。

（5）Erasteel：法国 Erasteel 公司是全球领先的高速钢、工具钢、不锈钢和其他特殊合金粉末供应商。通过其投资的瑞典Söderfors 的气雾化设备提供高纯度金属合金粉末。

（6）PRAXAIR：印度普莱克斯通过其气雾化钛金属粉末生产工艺，为全世界的客户提供优质的 3D 打印用钛金属粉末材料，被用于制造如航天支架和生物医用植入物等 3D 打印产品。

高分子材料

高分子材料是一类由数量巨大的一种或多种结构单元通过共价键结合而成的化合物，就产量来说，已经跃居材料行业的首位。随着 3D 打印产业的发展，高分子 3D 打印材料已成功应用在航空航天、汽车、模具等多个领域中。3D 打印高分子材料有高分子丝材、高分子粉末以及光敏树脂等形式材料。尼龙类、ABS 类、PC 类材料是 3D 打印中常见的高分子材料。FDM 工艺中应用的高分子丝材，需要具备高机械强度、低收缩率、适宜的熔融温度、无毒环保等基本条件。目前，应用于 FDM 打印的成型材料主要有丙烯腈—丁二烯—苯乙烯共聚物（ABS）、聚乳酸（PLA）、聚碳酸酯（PC）等。选择性烧结技术（SLS）工艺中的高分子材料需要具有粉末结块温度低、收缩小、内应力小、强度高、流动性好等特点。目前，常见的高分子粉末有聚苯乙烯（PS）、尼龙（PA）、尼龙与玻璃微球的混合物、聚碳酸酯（PC）、聚丙烯（PP）、蜡粉等。

高分子丝材

1. FDM 工艺中的丝材

（1）ABS：是一种用途极广的热塑性工程塑料，是丙烯腈、丁二烯和苯乙烯的三元共聚物，A 代表丙烯腈，B 代表丁二烯，S 代表苯乙烯。ABS 的外观为不透明呈象牙色的粒料，无毒、无味、吸水率低并具有 90% 的高光泽度。ABS 材料的颜色种类很多，有象牙白、蓝色、玫瑰红色、黑色等。如图是不同颜色的打

ABS 不同颜色的打印耗材

印耗材。ABS 材料的打印温度为 210～240℃，加热板的温度为 80℃以上，开始软化的温度为 105℃。

优点：具有抗冲击性、耐热性、耐低温性、耐化学药品性及电气性能优良，还具有易加工、制品尺寸稳定、表面光泽性好。

缺点：打印时有强烈的气味。

应用：一般应用于机械、汽车、电子电器、仪器仪表、纺织和建筑等工业领域。

为了进一步提高 ABS 材料的性能，对其改性又开发出 ABS-ESD、ABSplus、ABSi 和 ABS-M30i 打印耗材。

（2）ABS-M30i：是一种白色、高强度且无毒的材料，通过生物相容性认证，用于制作医学概念模型、功能性原型、工具及生物相容性的最终零部件，在食品包装、医疗器械、口腔外科等领域有着广泛的应用。ABS-M30i 热变形温度接近于 100℃。

（3）ABS-ESD：是一种理想的 3D 打印用的抗静电 ABS 材料，材料热变形温度为 90℃。能够用于电路板等电子产品的包装和运输，减少因静电造成的巨大损失，广泛用于电子元器件的装配夹具和辅助工具、电子消费品和包装行业。

（4）ABSplus：是 Stratasys 公司研发的专用 3D 打印材料，ABSplus 的硬度比 ABS 材料大 40%，是理想的快速成型材料之一。材料有不同的颜色可供选择，如象牙白、白色、黑色、深灰、红色、蓝色、玫瑰红色、亮黄色、橄榄绿色。ABSplus 是目前最好用的 ABS 耗材，可以弥补 ABS 材料固有的容易翘曲和开裂的缺陷，在最大限度保留材料原有的机械性能的基础上，使它变得更适合 3D 打印。

（5）ABSi：是半透明材料，具有很高的耐热性，呈琥珀色，能很好的体现车灯的光源效果，因此广泛用于车灯行业。同时，ABSi 的强度要比 ABS 的强度高，耐温性更好，可以制作出透光性好、非常绚丽的艺术灯具。

（6）PLA：是一种新型的生物降解材料，使用可再生的植物资源（如玉米）所提取的淀粉原料制成。

优点：具有良好的生物可降解性，使用后能被自然界中微生物完全降解，最终生成二氧化碳和水，不污染环境；打印 PLA 材料时有棉花糖气味，不像 ABS 那样出现刺鼻的不良气味；PLA 收缩率较低，在打印较大尺寸的模型时表现仍然良好；熔点比 ABS 较低，流动较快，因而相对地不易堵喷嘴。

半透明的 ABSi 打印品

应用：PLA 在医药领域应用也非常广泛，如用在一次性输液器器械、手术缝合线等。

（7）PC：全名为聚碳酸酯，聚碳酸酯具有耐热、抗冲击、阻燃、无味无臭、对人体无害、符合卫生安全等优点，可作为最终零部件使用。PC 材料的强度比 ABS 材料高出约 60%，具备超强的工程材料属性。

（8）PC-ABS：是一种应用最广泛的热塑性工程塑料，具备了 ABS 的韧性和 PC 材料的高强度及耐热性。大多应用于汽车、家电及通信行业，主要用于概念模型、功能原型、制造工具及最终零部件等。

（9）PC-ISO：是通过医学认证的热塑性材料，具有很高的强度，可用于手术模拟、牙科等领域。同时也具备 PC 材料的所有性能，打印出来的样件可作为概念模型、功能原型、制造工具及最终零部件使用。

（10）PPSF/PPSU：是 FDM 热塑性塑料里面强度最高、耐热性最好、抗腐蚀性最高的材料，能通过 gamma、EtO 以及高温灭菌器进行杀菌。

（11）ULTEM 1010：是 Stratasys 开发的唯一一种通过 NSF 51 食品接触认证的 FDM 材料，而且还通过了 ISO 10993/ 美国药典塑料 VI 级生物相容性认证。

（12）ULTEM 9085：是一种热塑性塑料，可用于飞机内部组件和管道系统的最终用途零件的功能测试、制造加工以及直接数字式制造，拓宽了 3D 打印样件用于耐热以及耐化学性的应用领域。

高分子粉末材料

在 3D 打印过程中，粉末具有种类多、易于制造以及材料利用率高等优点。蜡粉、PS、ABS、PC、PA、以及 PEEK 等都可以用于 SLS 打印工艺中。此外，还有 SLS 用的复合材料，如粘结剂与金属或陶瓷材料混合材料，典型的有尼龙铝粉材料。

3D 使用尼龙材料打印出的衣服

（1）PA：聚酰胺，也称尼龙，是一大类酰胺型聚合物的统称。最常见的有 PA6、PA66、PA1010。

特点：具有韧性好、抗冲击、耐磨、自润滑、阻燃、绝缘等机械性能特点，所以被广泛用于汽车、机械、电子、仪表、化工等多个领域。PA 粉末熔融温度为 180℃，烧结后不需要经过处理就具有 49 MPa 的抗拉伸强度。在烧结过程中需要较高的预热温度和保护气氛。

（2）PS：聚苯乙烯，是一种无色透明的热塑性塑料，熔融温度为 100℃，受热后可熔化、粘结，冷却后可以固化成型，而且该材料吸湿率和收缩率较小。拉伸强度 ≥ 15MPa、弯曲强度 ≥ 33MPa、冲击强度 > 3MPa，可作为原型件或功能件使用，也可用做消失模铸造用母模生产金属铸件，但其缺点是必须采用高温燃烧法（> 300℃）进行脱模处理，这就会造成环境污染。

（3）PEEK：聚醚醚酮，是一种性能比较优异的特种工程塑料。PEEK 具有高强度、耐热、耐水解、耐化学性能好以及环保无毒等优点。更为特别的是，这种材料可以通过医学认证，直接用在人工假体、植入体的个性化制造。缺点就是成本过高，不适合大规模应用，而且打印温度过高，需要 340℃。

光敏树脂材料

光固化材料通常俗称光敏树脂、UV 树脂，是一种具有多

方面优越性的特殊树脂，是由两大部分组成，即光引发剂和树脂（预聚体、稀释剂及少量助剂）。它在一定的波长的紫外光（250～400 nm）照射下立刻引起聚合反应，完成固化。光敏树脂可以直接作为 3D 打印主体材料使用，也可以作为黏结材料来配合其他粉末材料如无机材料粉末等一起使用。

1. Stratasys 的光敏树脂

以色列 Objet 公司（现与 Stratasys 公司合并）聚合物喷射（PolyJet）技术于 2000 年初推出。PolyJet 技术是目前 3D 打印技术中最为先进的技术之一，其成型原理与 3DP 相似。PolyJet 3D 打印技术使用的光敏聚合物多达数百种。从橡胶到刚性材料，从透明材料到不透明材料，从无色材料到彩色材料，从标准等级材料到生物相容性材料，以及用于在牙科和医学行业进行 3D 打印的专用光敏树脂。其推出了基于 PolyJet 技术的"数字材料"。该公司 Connex 系列设备同时喷射多种不同材料而形成"数字材料"，通过调整不同的材料比例使生产出来的零件具有不同的材料特性。

PolyJet 3D 打印有数百种材料（以 Stratasys PolyJet 材料为例）

2. DSM SOMOS 系列光敏树脂

（1）DSM 公司的 SOMOS（帝斯曼速模师）研发出一系列的 SLA 耗材，材料涵盖了多种行业和应用领域，SOMOS 利用提升材料性能拓展了打印产品的应用，使 3D 打印技术发挥了更大的作用。

（2）DSM SOMOS14120 光敏树脂是一种用于 SLA 成型机的高速液态光敏树脂，能制作具有高强度、耐高温、防水等功能的零件。此材料制作的模型外观呈现为乳白。DSM SOMOS GP Plus 14122 是 SOMOS 14120 的升级换代产品，用 SOMOS GP Plus 制造的部件是白色不透明的，性能类似工程塑料 ABS 和 PBT。

（3）SOMOS WaterShed XC 11122 是一种澄清的溶液，用来制作高透明度的抗水部件。外观与触感都类似于工程塑料，其透光度与亚克力材料类似，适用于流体分析。

（4）SOMOS WaterClear Ultra 10122 是一种低黏度材料，能快速并精准地制造功能形部件，适用于需要高光学透明度的产品。

（5）SOMOS ProtoTherm 12120 产品的设计是为了符合风洞试验高温高接触的要求。提供了光滑、耐用的红色部件，缩短生产时间。

（6）SOMOS ProtoGen 18420 是一种抗热抗潮的材料，并且具有高精度、易清洗等特点。SOMOS ProtoGen 18120 可以提供一个半透明的、类似 ABS 的溶液，这使得测试更加顺畅有效。SOMOS ProtoCast 19122 只提供完全无锑的材料溶液进行熔模铸造，适合钛合金的铸造需求。

（7）SOMOS NeXt 材料为白色材质，类 PC 新材料，材料韧性非常好，基本可替代 SLS 制作的尼龙材料。打印出来的产品有着与传统热塑性产品同样的外观和触感，然而却有着传统方式达不到的韧性、耐久性和准确性，广泛地用于体育竞技用品中。

（8）SOMOS NanoTool 为热力测试需求者提供了条件，用这种材料可以制造像陶瓷般光滑的部件，不仅表面光滑、抗热性能好，而且有极高的细节分辨率。

（9）SOMOS 9120 材料打印出来的零部件具有半透明性，能很好地观察零部件工作时内部的细节。

陶瓷材料

陶瓷材料是用天然或合成化合物经过成形和高温烧结制成的一类无机非金属材料，具有高熔点、高硬度、高耐磨性以及耐氧化等优点，在航空航天、汽车、电子领域有着广泛的应用。但因其硬而脆的特性，加工特别困难。

用于 3D 打印的陶瓷材料是陶瓷粉末与黏结剂的混合物。黏结剂粉末的熔点相对较低，烧结时黏结剂熔化从而使陶瓷粉末黏结在一起。常用的黏结剂有三类：① 有机黏结剂，如聚碳酸酯（PC）、聚甲基丙酸酯（PMMA）等；② 金属黏结剂，如 Al 粉；③ 无机黏结剂，如磷酸二氢铵等。由于打印完毕后还要进行浸渗、高温烧结处理等过程，因此黏结剂与陶瓷粉末的比例会影响零件的性能。目前，陶瓷打印技术还没有成熟，国内外还在研究当中。奥利地 Lithoz 开发出基于光刻的陶瓷制造（LCM）技术，使用光聚合物作为陶瓷颗粒之间的粘合剂，从而能够精确生成密度较高的陶瓷生坯。美国 Hot End Works 公司采用加压喷雾（Pressurized Spray Technology，PSD）技术来打印陶瓷材料，如氧化铝（Al_2O_3）、氧化锆、氮化铝、碳化钨、碳化硅、碳化硼（B_4C）以及各种陶瓷-金属基质等。PSD 技术是通过喷嘴分别喷射出陶瓷材料和粘合剂材料，再通过高温加工工艺去除黏合剂材料。

石膏材料

石膏是单斜晶系矿物，是主要化学成分为硫酸钙（$CaSO_4$）的水合物。石膏是一种用途广泛的工业材料和建筑材料。可用于水泥缓凝剂、石膏建筑制品、模型制作、医用食品添加剂、硫酸生产、纸张填料、油漆填料等。

用石膏材料彩色 3D 打印的卡通造型

3DP 打印是通过喷出液态黏结体将铺有粉末的各层固化，实现成型。石膏的化学本质是硫酸钙，是一种常见的打印材料，常用于打印出各种造型。该工艺的特别之处在于黏结体中可添加颜料，从而实现图片全彩打印，特别适合于彩色外观展示、动漫展示和人物造型等场合。

生物材料

生物材料是用于人体组织和器官的诊断、修复或增进其功能的一类材料，即用于取代、修复活组织的天然或人造材料。生物材料可以分为金属材料（钛合金等）、无机材料（生物活性陶瓷、羟基磷灰石等）和有机材料三大类。根据材料的用途，这些材料又可以分为生物惰性、生物活性或生物降解材料。

生物打印有三个层次：最简单是的假体的制造，细胞三维间接组装制造和细胞三维的直接制造。假体的制造主要用于手术规划，一般的打印材料都可以完成这项任务。第二个层次是组织工程支架的打印。如在骨组织工程中，采用羟基磷灰石（HA）等材料打印成一定形状，再通过其他方式定制成人工骨。生物打印的最高层次是细胞三维的直接制造，即所谓的细胞打印（cell bioprinting）。打印材料是活的细胞，如何保证细胞存活率是打印过程中需要解决的问题。

建筑材料

相对于其他打印材料来说，3D 打印建筑材料尚处于试验阶段。美国用在打印建筑上的材料有树脂砂浆类、黏土类和混凝土类材料。国内的打印耗材采用的是建筑物废弃材料，将其粉碎磨细，加入水泥、纤维以及有机黏合剂等，制成牙膏状的"油墨"。

在建筑行业中，对 3D 打印材料要求极高，至今还没有对材料的组成、结构、性能、经济性，尤其是耐久性、抗震性能等进行验证。此外，打印的建筑材料与钢筋结合兼容结合的一系列问题，都是亟需解决的。但是我们相信，随着材料技术的快速发展，3D 打印技术在建筑行业的应用最终将给人类带来福音。

石墨烯

石墨烯（Graphene）是只有一个碳原子厚度的二维材料。2004 年，英国曼彻斯特大学物理学家安德烈·盖姆和康斯坦

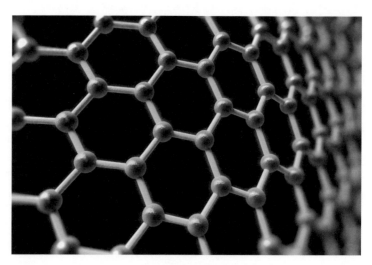

石墨烯材料

丁·诺沃肖洛夫从石墨中成功分离出石墨烯，证实它可以单独存在，两人也因此共同获得 2010 年诺贝尔物理学奖。由于石墨烯材料是最薄且最坚硬的纳米材料，具有在电学、光学、化学上的优越性能，如它几乎是完全透明的，只吸收 2.3% 的光；作为目前发现的最薄、强度最大、导电导热性能最强的一种新型纳米材料，石墨烯被称为"黑金"，是"新材料之王"，科学家甚至预言石墨烯将"彻底改变 21 世纪"。极有可能掀起一场席卷全球的颠覆性新技术新产业革命。

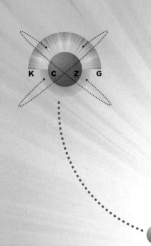

3D 打印改变生活

3D 打印助你行

从前，我们出行靠步行、车马、船。如今，我们有了更多更快的交通工具：汽车、火车、飞机等。人们的生活条件也越来越好，也促进了汽车产业的飞速发展。随着汽车需求的快速增长，3D 打印技术在汽车行业的应用前景也越来越广阔。

根据市场研究机构 SmarTech 公司 2015 年发表的《增材制造在汽车行业的前景：下一个十年的预测》报告，3D 打印在汽车行业的应用蓄势待发。3D 打印在汽车行业 2014 年的总市场金额为 3.7 亿美元，到 2023 年有望达到 22.7 亿美元。3D 打印在汽车领域的应用从简单的概念模型到功能型原型，并朝着更多的功能部件方向发展，乃至渗透到发动机等核心零部件领域的设计和制造。

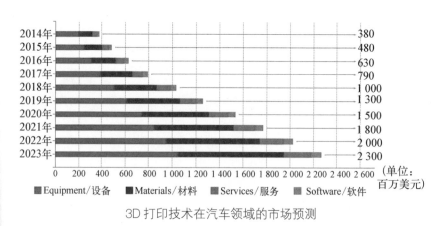

3D 打印技术在汽车领域的市场预测

事实上，汽车厂商早已通过 3D 打印来完成汽车研发阶段的原型开发与设计，更多的汽车厂商使用 3D 打印来制造各种模具、夹具等以用于汽车零部件的组装和制造。3D 打印在造型评审、设计验证、复杂结构零件、多材料复合零件、轻量化结构零件、定制专用工装、售后个性换装件等方面的应用逐渐被越来越多的汽车厂家采用。

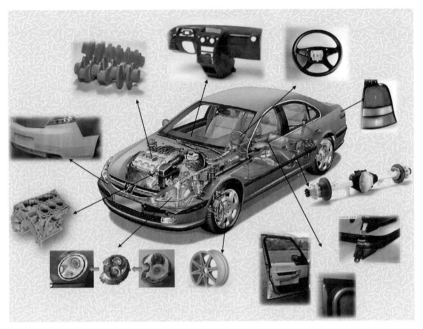

3D 打印技术在汽车上的应用

如图是 3D 打印技术在汽车上的应用示意图，包括汽车仪表盘、动力保护罩、装饰件、水箱、车灯配件、油管、进气管路以及进气歧管等零件的试制中均有所应用。世界上几乎有所的著名汽车厂商如奥迪、宝马、奔驰、美洲豹、通用、大众、丰田、保时捷等汽都较早地应用了这项技术，并取得了显著的经济和时间效益。

新概念汽车怎能不赶时髦

在 2016 年 10 月举行的第 36 次海湾信息技术展（Gulf Information Technology Exhibition，即 GITEX）上，阿拉伯联合酋长国（简称阿联酋，UAE）的 DigiRobotics 公司推出了该国首个 3D 打印自动驾驶汽车。这款自动驾驶汽车被命名为 WiGo，是阿联酋首个 3D 打印的无人驾驶汽车，WiGo 的制造、组装以及编程都是在阿联酋进行的。

阿联酋首辆 3D 打印的无人驾驶汽车

WiGo 被用来把游客从地铁站载到展览会门口，结合了强大的传感器系统和先进的 GPS 跟踪系统，能够识别路上的障碍。开发者称，3D 打印的自动驾驶汽车对于公众来说是非常安全的。WiGo 内有两对座椅，它们面对着彼此，此外还有一个大屏幕和四个 iPad。根据 DigiRobotics 代表的说法，乘客们用这些 iPad 来确定他们要去的地方，也可以进行娱乐。

阿联酋副总统和总理兼迪拜酋长曾提出过一个无人驾驶汽车倡议，其目标是到 2030 年该国 25% 的汽车实现自动驾驶。DigiRobotics 开发 WiGo 正是响应该倡议，也结合了迪拜的 3D 打印战略本田和日本 3D 打印公司 Kabuku 携手推出了一款定制的电动运货汽车，其机身是用 3D 打印技术制成的。这辆车是为日本镰仓糖果公司丰岛屋（Toshimaya）定制的，镰仓的道路很窄，该店专门定制这辆车来运送酥饼。这辆 3D 打印汽车制造周期为两个月，运用了本田的 Variable Design Platform 设计理念，将车身和骨架分开进行设计，这样其组件就可以轻松运用于其他车辆的制造上。和普通车辆不同的是，这辆 3D 打印车只有一个主驾

本田打造的日本首辆 3D 打印电动汽车

驶座，重量只有 600 kg。

　　由于其机身采用 3D 打印技术，可以依据客户需求进行快速定制生产，该汽车在日本的先进技术联合展览会（CEATEC）和电子贸易展（CEATEC）上展出。

　　在 3D 打印汽车领域一马当先的 Local Motors 公司正在不断改进他们的技术，目前该公司正在贸泽电子（Mouser Electronics）的帮助下将其全球首款 3D 打印汽车 Strati 提升到一个新的水平。这个合作开发团队还宣布，他们将打造一个自动驾驶版本 Strati，而这辆 Strati 的驾驶舱将完全改头换面。

　　这款新车的设计理念实际上来自一个名叫 Finn Younkers 的工程师，他是由 Local Motors 和贸泽电子联手举办的"Essence of Autonomy 设计挑战赛"的优胜者，该比赛要求参与者去想象 Local Motors 3D 打印自动驾驶汽车会具有什么样的创新功能，而 Younkers 的获奖创意 FLY-MODE 就提出在自动驾驶汽车上安装一架无人机，这样车辆在行驶的时候无人机升入天空，可以让车上的乘客对于周围的环境具有更为宽广的视野。

　　法国投资发展咨询公司 Altran 于 2016 年宣布了一项投资计

自动驾驶版本 Strati

划，他们将与美国汽车制造商 Divergent 合作，共同进行 3D 打印跑车"刀锋"的新一代车型研发工作。Divergent 是一家坐落于洛杉矶，负责研发具有开创性的环保 3D 打印超级跑车的制造商。全球第一辆全 3D 打印的超级跑车"刀锋（Blade）"已经在他们自己的制造厂房里诞生了。而正是基于对 3D 打印汽车的前景以及对 Divergent 汽车生产体系的看好，法国著名的投资发展咨询公司 Altran 决定注资 Divergent 的 3D 打印汽车项目，成为 Divergent 的战略合作股东。

新一代 3D 打印超跑"刀锋"

Altran 和 Divergent 将会联合起来向美国、欧洲和中国等地市场一起推广 Divergent 的具有突破性的汽车生产技术。事实上，Divergent 已经确认他们将有可能更新换代他们的制造生产线来为将来设计制造出更为高效环保的汽车做准备。

汽车零部件也可以 3D 打印

1. 发动机气缸体

当前，3D 打印技术已经在汽车工业中得到了广泛的应用。不过很明显，一些企业并不满足于此，希望能进一步发掘它的潜力。德国 Robert Hofmann 汽车公司就是其中之一，而最近，他们就取得了不错的进展，成功地 3D 打印出了大众汽车 VR6 发动机的汽缸体，它具备完全的功能，可以正常使用。

这是个了不起的成就。在此之前，3D 打印技术在汽车工业中的应用多是制造一些相对不太重要的部件。这个 3D 打印的气缸体重约 25 kg，采用的材料是轻质铝合金（原先的是 GJL－250 铸铁），制造设备是著名金属 3D 打印机制造商 Concept Laser 的 X1000R3D 打印机，总耗时约为 300 小时。至于对应的 3D 数字

3D 打印全功能大众汽车发动机汽缸体

模型，则是 Robert Hofmann 公司根据一台 VR6 发动机的实体模型创建的。

打印完成后，Robert Hofmann 公司对这个汽缸体进行了完整的机械加工并加上了 APS 衬里。之后，大众汽车工程师才开始对其进行冶金和几何测试，与原先的铸铁缸体相比，这个 3D 打印的缸体在质量上更胜一筹，无论是孔隙率、扭曲还是偏差都更小。

2. 水泵轮

如图是汽车动力系统水泵轮。其特殊之处在于它选择性激光熔融（SLM）技术制造。制造完成的水泵轮被安装到一辆宝马 DTM 赛车的动力系统中，这使得宝马公司能够快速迭代水泵轮。甚至还可以根据具体的比赛条件进行个性化需求定制。由于无需生产模具，零部件修改需要的成本几近于零。

3D 打印水泵轮

过去 20 年里，汽车热交换器的技术发展几乎可以说是处于停滞状态，这是因为传统的减材制造方法对热交换器设计有很多限制。随着 3D 打印技术的发展，通过增材制造的方式设计和生产的新型热交换器不但减少了重量，同时提高了热交换接触效率，提升了热交换器的整体性能。

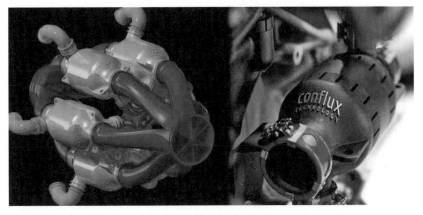

3D 打印散热系统

3D 打印摩托车

喜欢速度与激情的朋友可能会对摩托车情有独钟。Divergent 3D 除了生产超级跑车，还成为私人定制摩托车世界市场的新竞争者，其开发的拥有 3D 打印机箱的新超级摩托车 Dagger 在 2016 年度洛杉矶车展上揭幕。

这种新超级摩托车使用碳管 3D 打印定制框架，因独特的碳纤维结构比传统摩托车零件轻 50%，意味着更坚固，且对路面更

3D 打印版超级摩托车 Dagger

安全。Dagger 的特点是交叉 X 和一个超薄的后臂，使 Kawasaki H2 发动机以低到 200 多马力运行成为可能。目前，Divergent 3D 的 3D 打印资源主要集中在框架上：水箱、摇臂和格子框架都是完全 3D 打印的。

3D 打印自行车

3D 打印行业正在步入一个新的阶段。以往那种"但闻其名，不见其人"的状况正在消失，3D 打印正在诸多行业落地，步入每个人的身边。比利时 3D 打印公司 Materialise 与意大利汽车品牌 Nuova SPA 合作开发了一款 3D 打印的 Bicicletto 电动自行车。该产品由于采用了许多 3D 打印的零件，不仅制造技术更先进，而且使电动自行车更轻，更快，更降低了生产成本。

比利时的一群公司在 3D 打印推广机构 Flam 王 D/Flame3D 的带领下，打造出了一辆全 3D 打印的自行车。它还有个有趣的名字——王自行车（王-BIKE），展示了 3D 打印领域里的各种专业技术（从拓扑优化、陶瓷 3D 打印、纤维增强打印到 3D 打印

3D 打印的 Bicicletto 电动自行车

3D 打印的"王"自行车

电子等领域）。

最引人注目的是，这辆自行车上 22 种 3D 打印而成的特色功能是用不同的 3D 打印技术实现的。除了 3D 打印车架、车把等，这辆自行车还拥有 3D 打印的硅胶硬质合金链轮、变速器、刹车、护目镜和 GoPro 相机座，甚至在车座后面也有一个 3D 打印的镜头，包括其链条都是由 3D 打印的部件组成的。而且这辆自行车上还广泛应用了碳纤维复合材料。

3D 打印点亮生活

家电是生活的必需品，常见的如空调、电视、冰箱、洗衣机以及各种小家电等。3D 打印技术在提升企业核心竞争力、实现产品个性化定制方面日益发挥着巨大的推动作用。

悬浮的灯

知道磁浮列车，还没听说过悬浮灯吧！不要惊奇，一款由

Lightest 的 3D 打印灯

巴塞罗那初创公司 BaseForge 开发的名为 Lightest 的 3D 打印灯登陆 Kickstarter。最令人兴奋的地方在于它能够悬浮！这种看起来像魔法水晶球的 Lightest 实质上是一种无线灯，在磁铁的帮助下可漂浮在其基座上。灯本身是感应式的，来自基座的小电流会通过感应被传送至灯。可通过遥控器来控制这款创新性的灯，还可自由选择灯光的强度和颜色。尤其值得一提的是，Lightest 的灯罩是可拆卸的，还可自行设计 3D 打印新灯罩来替换。

美轮美奂的玻璃制品

仿生设计界高手美国设计师奈丽·奥斯曼（Neri Oxman）和她所带领的 Mediate Matter 团队研发出了融化玻璃的 3D 打印技术，并且打印出了许多如梦幻般的精美玻璃花瓶和碗等，是目前为止最先进的透明玻璃 3D 打印技术。这种玻璃打印技术不光能应用于打印小型艺术品，还能打印建筑结构，且打印精度非常高。不仅如此，该团队现在还在试验打印渐变色的玻璃制品。由于可以随时控制打印品的内外部打印厚度和形状，打印品的透光

3D 打印玻璃灯与仿生作品"混杂"

率和折射率也会各不相同。这些精美的玻璃打印品，在灯光的照射下如同梦幻般美丽。

个性化的空调

3D 打印技术能够有效地缩短新产品研发周期，降低研发成本，而且大大提高了研发的成功率。早在 1995 年，海尔就率先在中国家电行业利用 3D 打印技术直接制作零部件模型，为家电新产品研发提供服务。随着 3D 打印技术的不断发展，为了加快 3D 打印技术与互联网技术相结合来满足用户个性化需求，2012 年底，海尔成立了专门的 3D 打印团队。2015 年 3 月，海尔在上海家博会上率先推出了全球首台 3D 打印壁挂式空调；2015 年 9 月，国际家电展（IFA）上，海尔又推出了 3D 打印柜式空调，首次实现了功能和结构打印，将 3D 打印技术在家电上的应用往前推进了一大步。

这种 3D 打印的空调颜色、款式、性能、结构等都可以由用户自由选择。用户甚至还可以把自己的喜好等个性化元素打印到空调外壳上，比如姓名、照片等。如今，随着 3D 打印技术和互联网技术的发展，基于 3D 打印的定制服务平台也越来越多，这些平台由于能够满足用户对产品及服务个性化、高端化、定制化的需求，因而代表了未来的发展方向。

3D 打印柜式空调

3D 打印 "克隆" 另一个你

当 3D 技术以 "3D 电影" 为先锋进入人们的视线时，我们身边还出现了许多以 3D 冠名的新鲜事物，比如 "3D 电视" "3D 游戏" 等。你可能见过 3D 打印的玩具、工艺品、食品等这些生活中比较常见的 3D 打印件，那 "3D 打印肝脏" "3D 打印耳朵" "3D 打印血管" 是不是让你耳目一新呢？如今 "3D 医疗打印" 技术也取得了惊人的进展，我们不仅可以打印出各种各样的医疗模型，还可以利用 3D 打印技术进行手术治疗，甚至还可以打印出人体器官，未来说不定还可以用 3D 打印技术克隆出活生生的人呢！

3D 打印在医疗上的发展大概分为 4 个层次：

（1）没用生物相容性的材料，用于如医疗模型和体外医疗器械等。

（2）有生物相容性要求，要进入人体，但是不能降解，如陶瓷材料等，属于永久植入的概念。

（3）材料可降解，也可刺激人体自身修复，但不能够突破自身修复的限制，如人体组织支架等。

（4）以活性细胞和细胞外基质等为材料，以细胞为介入单元，是真正现代意义上的 3D 生物打印。

目前，3D 打印技术在医学方面的应用主要包括 4 个方面：医学模型、医疗器材、组织工程支架、活体器官。

医学模型——医学界的福音

如果说 X 线的使用，是临床医学的第一次突破，CT 与磁共振医学成像技术的出现是临床医学的第二次飞跃，那么，3D 打印技术的出现，将引领临床医学的第三次飞跃。

在医学教育领域，往往让医学院的老师苦恼的是没有合适的模型或者道具作演示，传统的医学教学模型也不是没有，但制作

医学模型

的时间长，且搬运过程也容易损坏，给教学带来了很大的不便。而 3D 打印技术的出现，让医学模型有了更大的用武之地。利用 3D 打印技术，可以打印各种各样的医学的道具、模型、用品等，这些材料的制作再也不用局限于传统制造工艺，我们需要做的是将计算机的影像数据经过处理后，输入打印机系统，打印机按照设置路线完成样件制作，这样就可将计算机的影像数据信息转化成实体结构，用于医学教学和手术模拟。使用 3D 打印技术来制作模型的好处是可以有效地减少制作时间，根据需要随时制作，并降低搬运损坏的风险。目前，3D 打印医学模型已获得了较好的技术支持，具备一定的打印速度，能使用多种材质进行打印，应用程度高，有着很好的应用前景。

实体模型，将为医生与患者的有效沟通提供更便捷的方式，医生无需用难懂的专业术语也能直观告知患者有关疾病的状况，提高沟通效率，便于医患关系的健康维护

促进医患沟通

缩短手术时间

实体模型能将原本需要几个小时，甚至几十个小时的复杂手术时间缩短1/2，甚至1/3，大大提高手术效率

3D打印模型优势

提高手术准确率

1:1实体仿真模型，能给医生提供最真实的术前预演和模拟，熟练手术入路及手术方案，有效提高手术准确率

降低手术风险

实体模型相对于影像虚拟模型，更利于医生术前手术风险的判断以及手术方案的选择，从而降低手术风险

拯救患者生命

据报道，纽约巴查医生使用3D打印的心脏模型救活了一名2周岁的婴儿。该心脏模型的出现，让这名原本需要进行3~4次手术的婴儿，现在只需要做一次手术，并使这名被认为寿命快到限的婴儿今后过上正常生活

3D 打印模型优势

1. 医学教学

随着数字医学的发展，人体的各个组织器官都可以建立逼真的 3D 模型，利用 3D 打印技术可以将这些数据模型转化成实体模型，还能够清晰地显示器官内部组织，具有更强的直观性和生

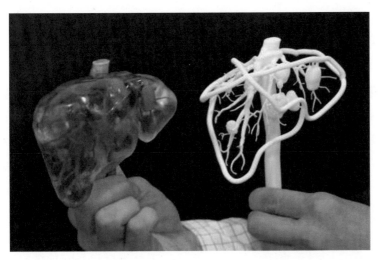

3D 打印内部清晰可见的肝脏新模型（右）和传统模型（左）

动性。3D 打印模型教学可以改变传统教学以书本为纲、从概念
到概念的注入式教学方式。

　　现在，越来越多的国家及地区面临着教学用尸体短缺的情
况，教学用尸体的保存和处理也是一大麻烦，这给医学院的老
师带来了教学的困扰。来自澳大利亚大学的一个医疗小组使用

3D 打印人体模型

3D 打印技术为特定医疗尸体 3D 打印解剖模型，以帮助医生培训相关能力。这些模型是基于现实的标本，也就是说，他们是基于医疗尸体的 3D 扫描，然后将其分割成 57 块，而后采用最先进的 3D 打印机进行打印。据了解，该支团队带来的 3D 打印解剖系列覆盖了人体所有的肢体，包括了四肢、胸腔、腹部、头部、颈部。这也成为首个用于解剖领域的商用 3D 打印成品。

事实上，使用 3D 打印医疗模型进行医学研究甚至有可能比研究真正的尸体更具优势。研究表明，学生对于 3D 打印医疗模型的舒适感远远超过尸体所带来的"恐惧"。有的学生接触真正的尸体会引起自身身体的不适，甚至产生对临床医学专业的排斥。学生们对于真正尸体的恐惧，本质上是对自身安危结果的联想，而这种联想，还和鬼魂文化有关。3D 打印的医疗模型在人类的心理承受力上占据了很大的优势，学生们面对这样的模型时能很随意地研究、探索和钻研。

2. 手术模拟

患者在手术前往往会承担着巨大的精神压力，任何一个手术或多或少具有一定程度的风险，对于医生来讲，在重大手术前同样也承担着巨大的压力和责任，因为任何一个失误都有可能给患者带来生命的危险。但是如果医生也可以像军事演习一样在实战前操演多遍，是否可以减少失误率呢？答案是肯定的。

利用 MIMICS 软件采集并处理患者的 CT、MRI 数据，在计算机中制作三维模型，可立体、精确地显示病灶及周围组织情况，医生可据此设计手术方案，明确手术入路、切除范围、术中注意事项等，再运用 3D 打印技术，等比例打印出患者脊柱骨骼及脊髓全仿真模型，医生就可以在模型上进行细致的手术"演习"了，验证设计方案的可行性，反复模拟手术操作。

此类手术可为每名患者建立个体化的三维虚拟模型与 3D 实体模型，使医生得以在术前清晰、直观、全面地了解病变情况及与周围组织的毗邻关系，周密制定切合患者实际的个体化手术方案，并可进行模拟演练，从而有效地规避脊髓神经损伤、截瘫等

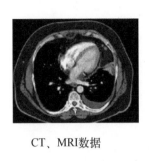
CT、MRI数据

三维重建、确定设计方案

实体模型

3D打印

医学模型制作过程

手术风险，为手术过程争分夺秒，最终为患者精准、快速地实施手术。此外，医生还可以借助 3D 打印模型让患者在术前直观地了解自身病情和手术规划，增进医患沟通效果，提高患者配合度。同时，3D 打印还为临床教学工作带来福音，可使医学生接受更为有效的手术培训，提升实践教学质量。

南京市第一医院利用 3D 打印技术为身患先天性脊柱畸形的一名患者成功施行手术，术后患者站立了起来。据悉，由于手术中需要在胸椎上植入钢钉进行复位，可胸椎部位密集分布着人体最重要的血管、神经，一旦钢钉稍有偏差，就有可能损伤血管和神经，导致全身瘫痪和死亡。为确保手术安全，南京市第一医院医生首先将患者的胸椎 CT 和磁共振原始数据进行了医学处理，再用 3D 打印技术打印出与患者一模一样的"胸椎"。医务人员在这个打印出来的仿真胸椎上找准位置，规划出最适合患者的个性化方案，经过几次模拟手术后，医生再为患者正式实施手术，手术时间比正常情况缩短了一半，且术中出血量很少。与传统手术

3D 打印出的 1：1 脊柱侧弯三维模型

相比，该手术风险降低、精度高、损伤小、恢复快。不需要等到手术中去摸索，从而做到万无一失。

那么，3D 打印模型出现以前，医生又是怎样处理这样的患者的呢？一般的胸椎畸形手术，需先开一个 10 cm 左右的口子，再经过多次尝试才能把钢钉植入胸椎。手术时间长，伤口大，手术路径、精确度还容易出现偏差。不得不说，3D 打印制作医学模型给患者带来了福音。3D 打印制作的模型不仅可以缩短手术时间，降低手术风险，还能大大提高手术准确率，拯救患者的生命。

经常听到的已经运用到临床手术的"3D 打印心脏"，目前大部分还仅限于通过 3D 打印技术复制患者的心脏。虽然不是一颗"真心"，却可以让医生在术前对患者心脏解剖结构有一个直观的了解，设计出更精准安全的手术方案，解救更多的患者。现阶段各国 3D 打印技术在心脏外科的应用，均属于起步阶段。经导管主动脉瓣置换手术（TAVI）与常规开胸手术有很大的区别，医生在手术中无法直视心脏全貌，更无法切开心脏观察其内部细微结构，因此，术前影像学评估与术中导航至关重要。而无论 CT、MRI、B 超等检查，都只能在屏幕上提供二维视野，术前主刀医生仍需仔细研究和测算患者的心脏及主动脉影像数据，并在自己头脑中二次加工，重建为立体构型。3D 打印技术则可将患者的二维影像数据转化成栩栩如生且与实物大小一致的心脏模型呈现于医生眼前，并可提供更多传统影像学检查难以显示的丰富信息，从而将上述复杂过程大大简化和标准化，使得手术更准确安全。

2013 年，美国科学家利用 3D 打印技术打印了第一个人类的心脏模型。该心脏模型是由塑料制成，是一个不寻常并发症患者的心脏的精确解剖副本。如今，3D 打印制造的心脏模型正在为越来越多的国内患者解除病痛。2015 年，复旦大学附属中山医院心外科课题组首次将 3D 打印技术应用于经导管主动脉瓣置换手术（TAVI），成功为一名 77 岁高龄的主动脉瓣重度狭窄合并关闭不全患者实施了 TAVI 规划与导航。

小贴士

经导管主动脉瓣置入术（TAVI）是指通过股动脉送入介入导管，将人工心脏瓣膜输送至主动脉瓣区打开，从而完成人工瓣膜置入，恢复瓣膜功能。手术无需开胸，因而创伤小、术后恢复快，对不能手术的严重主动脉瓣狭窄患者，TAVI 与药物治疗相比可降低病死率 46%，并显著提高患者的生活质量。

3D 打印在医疗器材方面大展拳脚

我们已经了解了 3D 打印其优势在于个性化、小批量和高精度。正是这种优势，使得 3D 打印近年来在医疗领域获得了应用上的重大突破。医疗行业，尤其是修复性医学领域对个性化定制的需求较为显著，往往很少有标准的量化生产。而 3D 打印技术以其先天优势迎合了医疗器械"量体裁衣、度身定做"的要求。譬如利用 3D 打印技术，根据患者牙齿形状定制个性化牙齿矫正器，帮助患者定制假肢、手术导板以及辅助器械等。目前，国内 3D 打印牙齿、骨骼修复技术已经成熟，并在许多骨科医院、口腔医院快速普及。3D 打印在医疗器材方面的应用主要包含了两个方面。

1. 体外医疗器械制造——无需生物相容的材料

体外医疗器械包括假肢、助听器、齿科手术模板等。这些是

无需与人身体融合在一起的 3D 打印器械。

根据美国截肢者联盟（Amputee Coalition）的统计，目前美国有约 200 万人使用 3D 打印假肢。获得一个具有完整功能的假肢不仅仅是依靠 3D 打印技术就可以完成的，还需要结合美学、生物力学的理念，才能真正做到为患者个性化定制。哥伦比亚 3D 打印服务商 Cocreat 3D 开发了一款外形美观、拥有超强机械抓力的超级仿真手臂。这个穿戴产品不仅能实现机械抓力的效果，看起来还是一件时尚完美的艺术品。

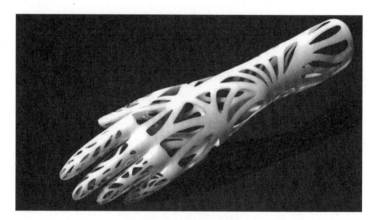

Cocreat 开发的 3D 打印手臂

此外，3D 打印手术导航模板已经被广泛运用到骨科、整形外科、口腔等手术当中。手术导板犹如裁缝师傅手中的尺子，用来在布料上量尺寸、做记号，再下刀裁剪。手术前将"尺子"在患者身上进行准确标记至关重要。而人体非布料，人体是有曲线的。传统的内固定器械配有通用瞄准器械或模板系统，以辅助内固定物置入，但在手术中仍需借助 X 线影像的确认。计算机辅助导航系统采用红外线或电磁技术，虽可实现手术中螺钉的准确植入，但其缺点是设备昂贵、操作繁琐及学习时间长等。而基于 3D 打印技术设计的"尺子"能够与特定病例实体骨骼完全匹配，具有安全、准确等优点，并可有效减少手术中放射性暴露。

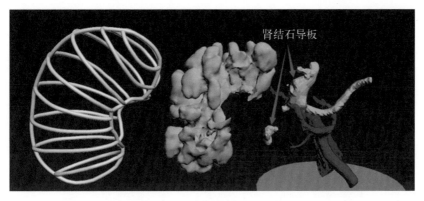

肾结石导板

手术导板

3D 打印的透明牙套可以矫正牙齿，比传统的钢丝矫正更加方便、精确和美观。

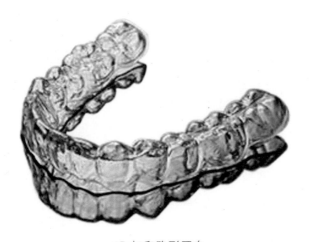

3D 打印隐形牙套

矫正前，患者需先接受口腔 CT 检查，精确拟合出牙齿、牙龈、口腔的三维结构。根据此三维结构，计算机将会计算并设计出隐形矫形器的尺寸，并精确安排每一颗牙齿所在位置所需的顶推力度。隐形矫形器覆盖在牙冠上后，不仔细看很难发觉，而高分子弹性材质将牙冠全方位包绕，在各个方向施以弹力。通过一段时间配戴，最终使牙齿归位。

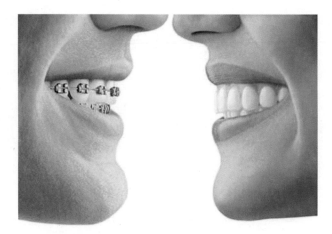

传统矫正器（左）和3D打印隐形牙套（右）

2. 个性化植入个体制造

植入物，顾名思义就是放置于体腔中的可植入型产品，这类产品有可能是外科操作留存的，也可能是生理存在体腔内的，如人工关节、吻合器、心脏瓣膜，还有一些小的植入物，譬如骨科的钢板、钢钉等。植入物通常是通过铸造或传统的金属加工方法来制造的。首先需要制造出模具，对于只需要一件或者少量的植入物来说，单件生产成本十分昂贵。再加上具有生物相容性的植入物材料本身的高价格，制造成本十分昂贵。对于结构复杂的特殊植入物，传统制造技术就非常难实现，更别提价格了。而3D打印技术用于制造骨科植入物，可以有效降低定制化、小批量植入物的制造成本，并可以制造出更多结构复杂的植入物。譬如，人类面部颌骨（包括上下颌骨）形态复杂，极富个性特征，形成了个体间千差万别的面貌特点；人类的头颅骨，需要准确与颅内大脑等软组织精确匹配扣合；人体的下肢骨、脊柱骨等会严重影响患者今后的步态及功能恢复。这类修复体使用3D打印技术进行个性化定制再合适不过了，不仅可达到精确"克隆"受损组织部位和形状，还能使得术后效果更好。

近年来，医疗行业越来越多地采用金属3D打印技术设计和

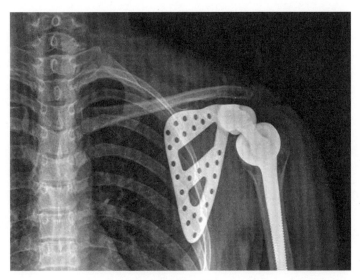

3D 打印肩胛骨

制造医疗植入物。植入物的质量更加符合人体需求，而且交货速度较快，从设计到制造一个定制化的植入物最快时可以在 24 小时之内完成。

如图是 3D 打印出钛合金人工肩胛骨用于治疗肩胛骨肿瘤患者的 CT 图。由于 3D 打印实现了"量体裁衣"，因而钛合金人工肩胛骨能实现精准匹配。

植入物的市场是一个不断增长的应用和创新领域，主要包括 3 个类别：关节、脊柱和创伤。这三个类别都是 3D 打印技术值得关注的市场。

（1）关节置换植入物

关节置换术是恢复关节的完整性和功能性的手术方法，在这一过程中，可以使用人工关节。我国首个 3D 打印骨科植入物——3D 打印人工髋关节产品获得了国家食品药品监督管理总局注册批准。随着社会人口结构老龄化，越来越多的患者因为严重髋关节疾病失去劳动能力及生活自理能力，需要进行人工髋关节置换。

2014 年，我国的关节置换术约为 40 万台，其中 3/4 为髋关

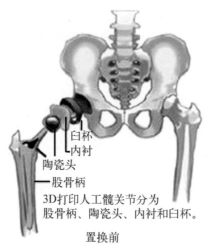

臼杯
内衬
陶瓷头
股骨柄
3D打印人工髋关节分为
股骨柄、陶瓷头、内衬和臼杯。

置换前

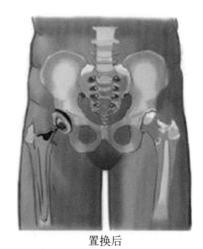

置换后

关节置换示意图

节置换手术。根据选用国产或进口人工关节不同，一次手术的费用在 5 万～10 万元，不少家庭由于经济原因忍痛不做手术，或者选择国产假体，但手术效果常常并不让人满意。

　　传统的臼杯是由钛合金铸造而成，需要先将钛合金融化成液态浇筑在模具中冷却后成型，然后再在臼杯的表面（与人体的髋骨结合的部位）做一个微孔涂层。微孔图层的作用是让人工关节与人体更好地相融，利于组织生长。这种方法中，做微孔涂层和做臼杯是两个步骤。3D 打印的臼杯及其微孔表面是一气呵成，医生将数据传给制造企业，工程人员再将数据通过软件分析重建成三维立体，按照设定的形状，经过 3D 打印机最终打印出一个表面有着微孔结构的臼杯。此外，这种微孔结构与人体的松质骨骨小梁结构相似，可以加大髋臼杯的摩擦力，获得术后即刻稳定性；同时有利于患者的骨头和金属臼杯之间能快速发生骨整合，也就是骨头能快速长入金属髋臼杯之中，减少假体松动的发生。北京大学成功地研发出 3D 打印人工髋关节产品，打破了外企市场垄断局面，质量不低于进口产品，价格却仅只有进口的1/2～2/3。

　　2012 年 2 月 13 日，比利时和荷兰的医生成功为一名下颌骨

3D 打印人工髋关节的臼杯

坏死的 83 岁的老人植入 3D 打印的下颌骨，这是世界上首次完全使用定制植入物代替整个下颌骨。传统植入物的制备需要数天的时间，手术的过程需持续 7 个小时，术后尚需留院观察 2～4 周。引入 3D 打印技术后，术前制备符合患者个性化的下颌骨，手术历时只有短短的 4 小时，患者术后 1 天便已可以说话和吞咽，这充分显示出 3D 打印技术在快速制作个体化医学内植入物的临床实际应用中具有革命性意义。

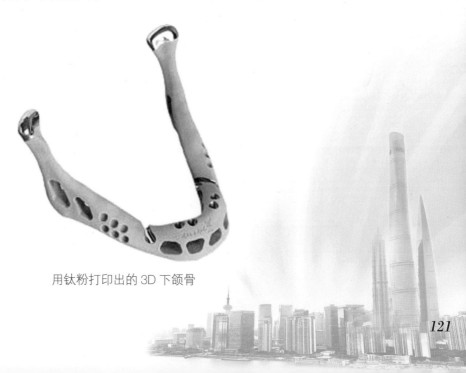

用钛粉打印出的 3D 下颌骨

（2）脊柱植入物

现如今，脊柱植入物（如融合器、人工椎间盘）市场需求不断上升，3D 打印制造出的脊柱植入物可用于修复脊椎、脊髓损伤或异常以及更换退行性的椎间盘。

2016 年 8 月，北京大学第三医院在骨科手术中又创造了一项新纪录，用金属 3D 打印技术为恶性脊索瘤患者人工定制了世界上首个长达 19 cm 的钛合金脊柱（如图），替换其因肿瘤切除的 3 节胸椎和 2 节腰椎。

3D 打印的脊柱

（3）创伤植入物

目前，创伤植入物产品是骨科植入物中另一个较大的市场领域。创伤植入物的目的是用于治疗骨折、畸形和肿瘤疾病的骨骼，如手臂、腿、肩膀或头骨。钢板螺钉是治疗创伤骨折最常用的内固定方法，这一市场需求在不断上升。

3D 打印产品最突出的特点是精准、复杂成型、个体化，这正好符合人体要求。3D 打印的骨科器械及材料工具，如个性化手术工具中最为典型的是手术置钉导板，包括骨盆导板、关节导板、脊柱导板等，可提高肿瘤切除范围、精确度及置钉的准确性。3D 打印个体化制备的植入物进行组织缺损的修复，可以大大提高外科手术的精确性与安全性，解决传统的假体并不能完美地匹配患者骨骼的个体差异问题。

3D 组织工程支架

1. 3D 生物打印可起死回生

中国有一个家喻户晓的传说，秦始皇统一六国之后，要寻找长生不死之药，徐福为秦始皇寻求不死药而东渡。徐福，在中国古籍中，是一个头脑聪明、胆大心细的骗子，因为当过"方士"，大约还是个早期的化学家。秦始皇完成了他一统天下和建造长城的伟业，便开始憧憬不老不死的神奇。于是徐福在公元前219年来见秦始皇，声称《山海经》上面记载的蓬莱、方丈、瀛洲三座仙岛就在东方海中，他愿意为秦王去那里取来不死之药。秦始皇第一次派徐福东渡，并没有带回长生之药，他告诉始皇，东方的确有神药，但是神仙要三千童男童女，各种人间礼物，同时，海上航行有鲸鱼拦路，他要强弓劲弩射退大鱼。秦始皇全盘答应条件，助他再次东渡。结果，徐福一去不复返，在东方"平原广泽之地"自立为王，再也不回来复命了。帝王将相想要长生不死，平头百姓也想要长生不死，真正的长生不死药终究没有，毕竟多少君王费尽心思寻找长生不死药，最终也没人能活到今天吧。人最终要面对死亡。

科技发展到今天，我们虽不能做到长生不死，但可以让垂危的生命得以延续。至少，3D生物打印技术就已经开始改变人类社会了。说到3D生物打印技术，首先来了解传统组织工程是怎样的？传统的组织工程方法主要有两种：

（1）使用生物相容性材料或者动物源性的材料。由于材料的局限性，在修复和替代人体器官上往往存在缺陷，例如用脱细胞方法将牛的跟腱构建成含有胶原的人工皮肤，由于是异体组织且并不含有修复和替代的活性物质，从而使得人工皮肤在功效上有很大缺陷。

（2）将细胞种植在预先成型的支架上。由于植入细胞技术的分辨率和支架材料内部结构的限制，不能精确控制形成仿生组织的细胞的位置和分布情况，在稳定性和尺寸上存在限制，严重阻碍了组织工程的产业化发展。

2. 以生物墨水为原料的打印

3D生物打印机的原料为生物墨水，生物墨水是从人体骨髓或者脂肪中提取干细胞，通过生物化学手段，使它们分化成不同类型的其他细胞，然后，这些细胞将被封存成"墨水"，实际上

就是各种活细胞混合液。当启动 3D 生物打印机时，"墨水"将通过打印头聚拢在事先设计的部位上，打印头每打印一层，就会提升一个层高的刻度，继而开始下一层图案的打印，从而逐渐实现人工植入支架、组织器官和医疗辅助等生物医学产品的成型，这与普通 3D 打印在工业应用中的模型制造过程类似。

3D 生物打印能精确控制材料、细胞的位置与分布，能够个性化构建组织工程产品，同时具有最大仿生性和最小排异性等特点，解决了限制大规模生产的问题，在稳定性、速度和成本上都优于传统组织工程方法，因此在临床上有更广泛的应用前景。

3D 生物打印机可以被置于生物安全柜中，可进行无菌操作，打印后的组织可以直接被植入患者体内，其中的细胞在生长因子的调控下，重新组合、分化，最终形成新的组织和器官。以皮肤打印过程为例，一般需要经过皮肤样品三维建模、形成脂肪原型、3D 打印皮肤样品 3 个步骤才能完成。

其打印过程实际上就是细胞在生物材料支架上一层层构成 3D 结构的组织。以干细胞作为打印材料，利用 3D 打印技术制作，

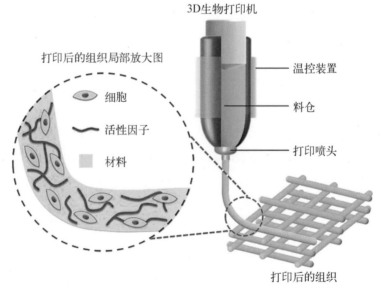

3D 生物打印机示意图

打印出来的组织形成自给的血管和内部结构。在组织缺损修复中通常需要用到组织工程支架，如人工骨、人工肾脏、肝脏等人体器官移植物的组织工程支架。这些结构复杂、形状各异的支架通过数字化技术设计，3D 打印成型，辅以微米、纳米技术，可以按需设定特定的孔隙率、交联，显著提高支架的生物学及力学性能，使其有利于细胞黏附、增殖、分化，满足患者个性化的需求。

3. 细胞以及生物支架打印

生物 3D 打印核心技术是细胞装配技术即细胞 3D 打印技术，它是在组织器官三维模型指导下，由 3D 打印机接受控制指令，定位装配活细胞／材料单元，制造组织或器官前体的新技术。通过 3D 打印技术可设计和制备具有与天然骨类似的材料组分和三维贯通微孔结构，使之具有高度仿生天然骨组织结构和形态学特征，赋予组织工程支架高度的生物活性和骨修复能力。

生物 3D 打印的主要用途有：

（1）为再生医学、组织工程、干细胞和癌症等生命科学和基础医学研究领域提供新的研究工具。

（2）为构建和修复组织器官提供新的临床医学技术，推动外科修复整形、再生医学和移植医学的发展。

（3）应用于药物筛选技术和药物控释技术，在药物开发领域具有广泛前景。利用生物打印的人体组织来测试药物，将大大减少甚至逐步消除动物试验的需求。在动物试验中可能有效的动物模型，常常在人体模型中不能正常工作，浪费了宝贵的研究时间和金钱。而有了生物打印的人体组织，人们将不用再在扩展试验上耗费时间和金钱。此外，它还可以找出对人体生理奏效的治疗方法，而在过去，这些方法很可能因为在动物试验中表现不佳，在初始阶段就会被淘汰。

美国南卡罗来纳州维克佛瑞斯特大学的再生医学研究者与美国军队再生医学研究所合作，使用 3D 皮肤打印机直接在患者伤口上打印细胞，帮助伤口更好更快地愈合，他们还成功地打印了肾脏细胞。

Autodesk 公司提出了借助 3D 技术治疗癌症的方案：根据每个人不同的 DNA，3D 打印出个性化、一般人群可负担的溶瘤病毒，用于精确地攻击癌细胞。Autodesk 的目标是绕过长期、艰巨的开发流程，在一个新的系统中，从源头研究癌症治疗的方法，而不是开发昂贵的药物。第一个 3D 打印的病毒生产成本为 1 000美元，目标是将成本降为 1 美元。癌症治疗与病毒工程的概念包括使用软件设计和三维打印病毒。这种治疗手段可能颠覆制药公司的方法，改变癌症的治疗方法，从而把患者从有毒的治疗中解救出来，变成积极的治疗。此外，人们可以利用 3D 打印技术人工定向合成 M1 病毒，然后用该类病毒去验证是否可以用于肿瘤靶点控制。比起在自然界中发现、鉴定、纯化此类病毒，这项技术大大缩短了寻找和发现病毒的时间。

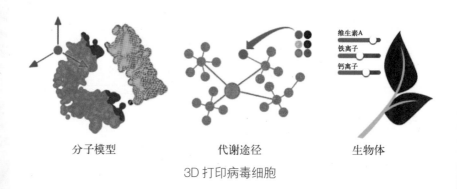

分子模型　　　　　　代谢途径　　　　　　生物体

3D 打印病毒细胞

小贴士

溶瘤病毒是一类具有复制能力的肿瘤杀伤型病毒，世界上最早出现溶瘤病毒的报道，是由于当时发现一名子宫颈癌患者在感染狂犬病病毒后，肿瘤随之消退。

维克森林大学浸信会医疗中心研究所的再生医学项目研究人员使用高度专业化的 3D 打印机制造出具有类似功能和形状的

心脏细胞。如图是 3D 打印后能跳动的心脏细胞，被称为"类器官"。科学家给 3D 打印出的心脏细胞一个特殊的介质，并使它们的温度保持在与人体相同的水平，于是它们开始跳动。还可以用电极和化学信号来刺激这种微型器官改变跳动的模式。此外，科学家以三维形式的生长方式来培养它们，使它们彼此更容易交互，如同在人体中一样。

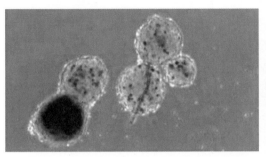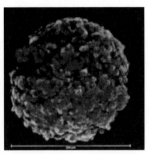

3D 打印心脏细胞

美国进化生物学家、斯坦福大学的天体生物学教授 Lynn Rothchild 指出："众所周知，细胞在地球上制造了数不清的产品：从羊毛到丝绸橡胶到纤维素，更不用说那些肉类、植物以及我们吃的所有东西……""这么多东西都是细胞制造的，所以不用把一头牛、一棵树或一只蚕运到火星上，只需打印出特定的细胞阵列，它们就能生产出您所需要的一切。"如果该技术能够实现，人类迈入太空的步伐将大大加快。

活体和组织器官打印

《3D 打印新世界》（*The New World of 3D Printing*）一书中将 3D 打印在医疗行业的应用分为"三层阶梯"。前面提到的使用金属、塑料等非活体组织材料 3D 打印的定制化假肢、牙科、骨科植入物、助听器外壳等医疗器械都属于"初级阶梯"。打印血管、软骨组织这类单一的活体组织属于"中级阶梯"。3D 打印的肝

脏、心脏等人工器官则属于"顶级阶梯"。

2011年3月3日，美国再生医学领域的专家，北卡维克森林再生医学研究院的主任Anthony Alata在著名的TED演讲中，向观众展示了科研人员在人造器官领域取得的成果。1999年，维克森林再生医学研究院就通过植入人类细胞培育的支架制造出多个人类膀胱，继而将这些膀胱成功移植到患者体内。Alata还展示了一个特殊的3D打印机，该设备可以制造出一个人体肾脏原型。此外，美国、欧洲、俄罗斯、澳大利亚及中国的科学家在人工血管、软骨、肾脏组织、肝脏组织、皮肤组织等3D打印领域取得了不同程度的进展。然而，目前的3D打印器官和组织主要是实验性的，距离实现用3D打印器官替代他人捐赠的人体器官这一目标还很远。

无论是人造血管、软骨组织，还是肝脏组织、肾脏组织，其核心是特定类型细胞的分离（或定向诱导）及大规模扩增。而生物3D打印技术，在人工组织、器官培养过程更多承担了三维形状的构建，即让人体细胞按照预先设计好的形状来生长。因此人造器官、组织的发展更大程度上取决于生物技术的发展。

1. 3D打印的耳朵

用一台打印机制造一只耳朵，这种只在电影中见到的场景如今已经发生在我们周围。美国维克森林大学的研究团队在《自然

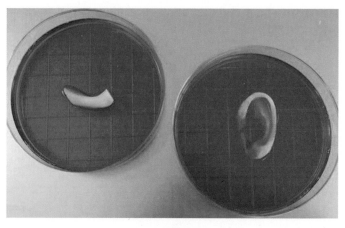

3D打印耳朵

生物科技》杂志上发表论文称，他们把通过 3D 打印出的"耳朵"移植到小鼠体内，两个月后，植入的耳朵保持了形状，而且还生成了适当的软骨组织。而另一部分打印并移植的肌肉组织，仅用了两周时间，就在小白鼠体内引起神经形成。这实在是振奋人心的结果，对于失去耳朵的患者来说，如果可以用自己的细胞打印出真实的耳朵，不仅舒适度要比仿生耳朵好得多，也不会有排异反应。也就是说，这些从打印机里诞生的组织能够在生物体内正常存活并生长。进一步设想，如果这项技术能用在人体上，那医生就能直接用患者自己的细胞，打印出替代性的人体组织或器官，这将是再生学领域的一大跳跃性进步。

2. 3D 打印肾脏

美国维克森林大学再生医学研究所发布了最新科研成果，可以由一台 3D 打印机放置多种类型的由活体组织提取出的细胞培育而成肾脏细胞，得到的产品接着被放在培养皿中进行培育。安东尼·阿塔拉博士使用的 3D 打印机并非采用墨水打印，而是使用一种类似凝胶的生物可降解材料，逐层打印肾脏。3D 打印血管是三维弹性材料研究上的重大突破，有着广泛的应用前景。

3D 打印肾脏原型

3. 3D 打印甲状腺

俄罗斯 3D Bio Printing Solutions 科学家小组，从生物打印甲状腺开始，通过标准化的实验室程序生产出生物墨水，利用干细胞作为打印材料。干细胞是从脂肪组织中提取的，所以在移植后不会出现排异反应，并且可以作为任何身体组织的"原材料"。为了能够使它们进行打印，干细胞会被转化为"球状"，或转化为层状细胞聚集体放置在水凝胶中。该器官将在一种特殊的生物反应器中打印，在其中凝胶会溶解，而留下的器官会生长成熟。

研究团队将用放射性碘关闭实验室小鼠的甲状腺，此时老鼠体内激素水平下降，然后，将在老鼠体内植入生物打印的器官，若激素水平恢复正常，那"3D 打印的甲状腺器官"便起到了真正的作用。

4. 3D 打印肝单元

目前，微型人体肝脏也已被成功采用 3D 打印技术制备出来，同时 3D 打印的人造肝脏组织对于药物研发也非常有价值，因为它们可以更确切地模拟人体对药物的反应，有助于从中选择更安全、更有效的药物。目前，苏格兰科学家已经使用人类细胞 3D 印出了世界上第一个人造肝脏组织。赫瑞瓦特大学威尔（Will Shu）博士研究小组与中洛锡安郡的 R oslin Cellab 公司合作将制造出更精确的人体组织模型，可用患者自己的细胞制造出

3D 打印肝脏

可用的微型人类肝脏组织。杭州电子科技大学与杭州先临三维旗下控股子公司捷诺飞联合在杭州鉴定并发布国内首个商品化 3D 打印肝单元。

3D 打印的医疗未来

器官移植可以拯救很多人体器官功能衰竭或损坏的患者的生命，但这项技术也存在器官来源不足、排异反应难以避免等弊端。随着"3D 生物打印技术"的发展，未来这些问题的解决有了新的技术手段。目前，3D 细胞、组织支架、器官打印还处于实验室阶段，由 3D 打印出的细胞、组织、器官等必须要相互关联和整体的配合以及功能重组，才能使人这个机体正常的运行。3D 生物打印技术距离商用还有很长的路要走，但是未来的前景是不可估量的。

利用 3D 打印技术可以制作各种适合个体的医疗用品，减少获取环节和时间，临时解决医疗用品不足的问题。随着智能制造的进一步发展成熟，新的信息技术、控制技术、材料技术等不断被广泛应

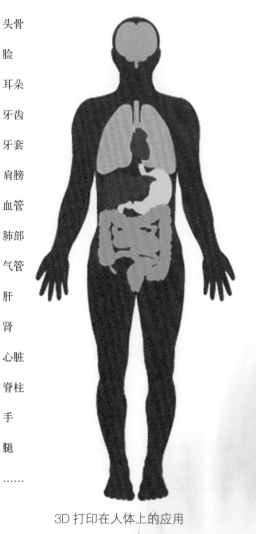

头骨
脸
耳朵
牙齿
牙套
肩膀
血管
肺部
气管
肝
肾
心脏
脊柱
手
腿
……

3D 打印在人体上的应用

用到生物领域，3D 打印技术在医学领域的应用也将被推向更高的层面。

　　一项新技术总是同时带来利与弊，3D 打印技术亦是如此。当我们享受 3D 打印技术带给我们的便利时，也应考虑到它可能带来的问题。当该技术所造人体器官的性能与适应性发展到足以替代人体多数组织器官时，人们可能会产生疑问，他们身体组织器官是否被各种打印成品所替代？在生物医学领域，3D 打印会不会面临与克隆同样的问题？人体的假脸、指纹和虹膜也可通过 3D 打印获取，那么生物特征识别这些重要技术的有效性是否受到挑战？随着 3D 打印技术的发展，这些问题值得我们深入思考。但是相信在不久的将来，3D 打印结合数字化技术必然能在临床应用中开创出一片广阔的天地。

3D 打印带你行走时尚前沿

　　文化创意产业是指以创作、创造、创新为根本手段，以文化内容和创意成果为核心价值，以知识产权实现或消费为交易特征，为社会公众提供文化体验的具有内在联系的行业集群。主要涵盖文化艺术、新闻出版、服饰、工业产品设计、雕塑艺术等与人们的生活息息相关的各个方面。

前卫的珠宝首饰

　　婚戒想要跟别人不一样？项链也想要跟别人不一样？那就试一试 3D 打印的首饰吧！对于珠宝首饰的 3D 打印，目前主要有两种方法：一种是通过打印蜡模来进行金属熔模铸造，还有利用金属 3D 打印设备直接打印珠宝。相对传统的珠宝首饰行业来说，3D 打印技术的出现开拓了新的设计空间、提高了生产效率、创造了个性化的商业模式。毫无疑问给整个行业带来了一股新风。

3D 打印的戒指蜡模和铸造
成型的金属戒指

直接打印成型的戒指

未来人们将会大量佩戴外形前卫多变的个性化 3D 打印首饰。

众所周知，3D 打印是通过逐层堆叠的方式来成型的，能够完成传统加工手段无法实现的复杂结构，这大大扩展了珠宝首饰设计的可行性，以往无法生产的设计想法和概念现在通过 3D 打印技术得以实现。通过三维数据直接打印的生产模式能够很大程度上代替传统的手工加工方法，生产效率得到了巨大提升。另外，3D 打印高效柔性的生产方式使得个性化的珠宝首饰定制成为可能，通过与互联网平台的结合，人们可以通过网络自行设计和搭配自己喜欢的款式，生成打印加工的三维数据，再利用 3D 打印技术生产属于自己的独一无二的首饰。

俄罗斯斯摩棱斯克钻石珠宝集团利用 3D 打印技术成功复制了 1762 年为凯瑟琳的加冕礼而打造的俄罗斯大皇冠。通过扫描原始皇冠结合 CAD 软件生成三维数据，利用 3D 打印机将皇冠打印成型。3D 打印复制品采用 WIC-100 树脂以及 14k 白金打造。皇冠余下部分采用传统手工技艺完成。如果没有 3D 打印机，这样的任务可能需要花费一年时间来完成，并且需要投入更多人力。

利用 3D 打印技术复制的沙俄皇冠

时尚产品——会呼吸的衣服

3D 打印的时尚产品主要有服饰、配饰、鞋等。以选择性激光烧结（SLS）为主要加工工艺，逐层生长的方式使得 3D 打印的时尚产品都具有精美复杂的造型和更加贴近自然的视觉感受。在设计师的脑海中，虽然 3D 打印技术引领着科技和时尚的未来，但其创造事物的方法却更加贴近万物生成的本源。

在生产方式上来看，3D 打印对于时尚产品无疑是革命性的。以服装为例，传统的制衣过程通过编织的方式制造服装面料，再通过剪裁拼接的方法完成服装的生产。3D 打印将面料和裁剪两者融为一体，利用三维软件制定编织结构的方案，再根据人体尺寸比例生成服装的三维模型，通过三维打印设备直接打印出服装，一体成型。

利用 3D 打印技术打印的服饰

3D 打印"会呼吸"的衣服

　　早期的 3D 打印服饰所应用的打印材料质地十分坚硬，随着科学技术的发展，可用于时尚产品的 3D 打印的材料也层出不穷，柔软又不失韧性的材料极大地扩展了产品的使用性能，人们甚至利用生物材料打印能够感受温度的"会呼吸"的衣服。

家具灯具也可以是艺术品

　　利用 3D 打印技术可以实现传统加工方式难以实现的前卫设计。不过，对于家具来说，3D 打印技术仍然受限于成本和成型尺寸，直接打印家具仍不普及。比较巧妙和有效的应用方法是利用 3D 打印技术打印家具原料间的连接件，标准化的原料通过 3D 打印的连接件可以变换组合成各种家具，拆装组合十分方便。

　　Minale-Maeda 工作室设计的 Keystones 是一个特别设计的连接器，可以用来将一件家具的各个组成部分组合在一起。Keystones 可以使用家用 3D 打印机打印出来。这些 3D 打印的塑料连接器可以结合标准化的家具组件，这样家具厂只需发运标准

使用 3D 打印连接器组装成的桌子

化的家具部件，消费者则用家用 3D 打印把塑料连接件打印出来。

　　灯具可以说是 3D 打印技术十分优秀的应用领域，通过巧妙的镂空设计，灯具能够展现出奇妙的光影效果，无装配的一体成型结构可以使灯具像花朵般开合，展现出不同形态。除了昂贵的工业级 3D 打印设备制作的高端灯具以外，利用桌面级 3D 打印

3D 打印灯罩

设备生产的月球灯也十分受到青睐，目前在网购平台的销量十分惊人，成为节日馈赠的佳品。

3D 打印月球灯

考古与文物保护

3D 打印技术对于考古和文物保护工作具有十分积极和重要的意义。相比于纯手工的修复，3D 打印技术的介入能够有效地提升工作效率，通过三维扫描设备和软件设计的修复方案具有可修改性和重复性，一定程度上降低了修复的风险。此外，文物作为一种不可再生资源，一旦被毁掉，将再也不复存在，通过 3D 打印精确复制的文物既可以满足人们的文化需求，同时也可以有效地保护原件。

贝尔神庙电脑复原图

利用 3D 打印重建的贝尔神庙拱门

2015 年，拥有 2 000 年历史的贝尔神庙被极端恐怖组织 ISIS 无情地摧毁了。历经千年风霜的神庙如今只余下一个拱门。来自哈佛、牛津大学以及迪拜未来博物馆的研究人员组建了数字考古研究所，计划用数字成像和 3D 打印技术，来复原被摧毁的古建筑。贝尔神庙的部分部件采用了位于上海的一台大型 3D 打印机进行打印。部件打印完成后会被运到意大利进行后期处理，然后运往英国的特拉法尔加广场进行展示。

动漫游戏玩家的福利

玩具及动漫衍生产品一直以来是文化产业的一个重要分支，3D 打印技术的出现对于玩具和动漫产业具有极大的帮助和促进作用。这主要体现在两个方面，首先是产品本身，利用 3D 打印技术的优势对产品进行优化设计，简化装配，提升产品的整体性能和质量。其次是商业模式，传统的模式是厂家生产，玩家购买实物。3D 打印技术创造了一种新的模式，玩家购买的是经过授权线上三维数据，通过自己的三维打印设备生产玩具，玩家自身融入整个创造过程，具有更强的体验感。

Cubetto Playset 是一款可编程的玩具，玩具内部设计的复杂性带来复杂的组装过程。比利时 Materialise 公司利用 3D 打印技术将很多功能集成设计进来，原来需要多个零件配合实现的功能现在由一个零件就可以完成，从而大大减少了后期组装的工序，降低了 20% 的成本。

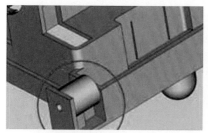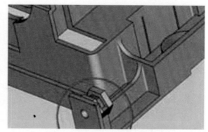

Materialise 公司利用软件对产品进行 3D 打印前的优化设计

3D 打印技术优化设计后的玩具

Chair Entertainment 开发的《无尽之剑》游戏与软件开发公司 Sandboxr 合作，利用 3D 打印技术帮助游戏玩家把自己在游戏中的人物角色带到现实世界。在游戏应用程序中，客户可以设计自己的角色，然后订购。过不了多久，3D 打印的雕像就被寄送到客户的家中，还可以为这些雕像定制各种炫目的盔甲和武器。

利用 3D 打印技术打印的《无尽之剑》角色玩偶

涉足影视界

在电影特效大片层出不穷的今天，影视道具在影片中起到的
作用越来越突出。由于大部分影片的道具都具有数量少质量要求
高的特点，因此传统加工方法无法发挥优势且成本高昂，目前大
部分仍然以手工制作为主，效率相对较低。3D 打印技术的出现
很大程度上改善了这一现象，小批量柔性的生产模式使得 3D 打
印在生产影视道具方面变得灵活多变，从科幻机械构造、爆破用
的仿真建筑到武器铠甲道具，3D 打印技术都可以胜任，帮助电
影工作室省去了重新拍摄、编辑和后期制作的时间，影片上映时
间得以提前，降低总体成本。目前，利用 3D 打印制作的各种尺
寸道具模型已经在很多影视作品中出现，比如《侏罗纪公园 3》

利用 3D 打印技术制作的《星球大战》影视道具

《钢铁侠 3》《机械战警》《星球大战原力觉醒》等。

3D 打印的糖果和冰激凌

　　食品打印作为 3D 打印技术的一个分支，近年来也在稳步发展，从最早只能打印巧克力到现在能够打印全彩的糖果和冰激凌，3D 打印的食品正在逐步走向寻常百姓的生活当中。

　　食品 3D 打印的优点在于外观的可定制化和生产效率的提高。我们可以随时随地获得自己想要的形状的食品，而不是事先批量生产的外观形状。尽管华丽外形的食物可以通过心灵手巧的厨师手工打造，但是人工的效率相对较低，很难满足大批量的需求。3D 打印技术在这两点上无疑具有很大的发展潜力。

　　美国 3D Systems 公司已经推出一款名为 Chefjet 的 3D 食物打印机，采用类似 2D 喷墨打印机的喷墨打印头，它会先撒一层薄薄的糖，然后浇上一层水，水让糖重新结晶、变硬之后变成更加复杂的几何结构，并且能够具有丰富的色彩。

　　虽然目前的食品 3D 打印设备打印的产品无论从外观和成本

利用 Chefjet 的 3D 食物打印机打印的糖果

上都不能达到让人十分满意的程度，但是随着技术的发展，未来我们的身边一定会出现 3D 打印食品的身影，试想一下，我们的餐桌上摆满了各式形状的 3D 打印食品，不仅美味，而且颇具视觉冲击力，是不是令人兴奋不已！

3D 打印房子带来别样的风采

传统的建筑方式构建了高楼林立的都市，钢筋混凝土的丛林让我们不断反思这真的是适合人类的生活方式吗？随着 3D 打印技术日益完善，越来越大型的建筑能够通过 3D 打印技术建造起来，而且这项技术甚至可以彻底颠覆传统的建筑行业。与传统建筑行业相比，尽管目前在建造质量上还存在技术难点，但是 3D 打印的建筑可节约大量建筑材料、缩短工期、减少人工的使用量。更为重要的一点是灵活的建造方式将为建筑设计师开拓一条新的道路，引领人们朝着更为环保的建造方式、更为科学和贴近自然本意的生活方式大步迈进。

荷兰一家建筑企业将 3D 打印技术引入建筑领域，完成了世界上第一栋由 3D 打印而成的建筑。按照建筑商"DUS 建筑师"

荷兰 3D 打印建筑

的规划，大楼坐落在阿姆斯特丹北部运河河畔，采用荷兰传统的三角墙设计，共有 13 间房。大楼主体结构仍用混凝土，其他部分都由 3D 打印机制成。这台工业用 3D 打印机名叫"盖房者"，按照电脑设计图喷出熔融塑料线，线条粗细是标准 3D 打印机线条的 10 倍左右，能够打印长 2 m、宽 2 m、高 3.5 m 的预制件。一块块类似的预制件像乐高积木一样垒起来，搭建成大楼。预制件呈蜂巢状，给各种缆线和管道留下空间。

3D 打印与航空航天——真的可以上天了

作为第三次工业革命制造领域的典型代表技术，3D 打印技术的发展时刻受到各界的广泛关注。而金属高性能增材制造技术（金属 3D 打印技术）被行内专家视为 3D 打印领域高难度、高标准的发展分支，在工业制造中有着举足轻重的地位。现如今，世界各国工业制造企业都在大力研发金属增材制造技术，尤其是航空航天制造企业，更是不惜耗费大量财力、物力加大研发力度，以确保自己的技术领先优势。

航天航空产品不断推陈出新和升级换代，研制周期不断缩

短，制造难度不断提高，从而对复杂精密构件的制造提出了越来越高的要求，不仅要求具有高效、高性能复杂精密构件快速制造能力，而且要求具有大型复杂结构件的直接制造能力，传统的制造技术难以满足上述要求。尤其是航空航天发动机的燃烧室、导向器、涡轮叶片和涡轮盘等热端部件，先进战机用大型整体钛合金关键构件成形以及飞行器型号产品复杂关键结构件的高效、快速制造，被国内外公认为是航空航天领域复杂结构件研制与生产的核心技术。美国"增材制造路线图"把航空航天需求作为增材制造的第一位工业应用目标，波音、通用电气（GE）、霍尼韦尔、洛克希德·马丁等美国著名航空航天企业都是美国增材制造创新研究所的成员单位。澳大利亚政府也于 2012 年 2 月宣布支持一项航空航天领域革命性的项目"微型发动机增材制造技术"。此外，2012 年 9 月，英国技术战略委员会特别专家组在一份题为《增强我国增材制造行业竞争力》（*Shaping our National Competency in Additive Manufacturing*）的专题报告中，也把航空航天作为增材制造技术的首要应用领域。

发展优势与前景

3D 打印在航空航天领域主要用于直接制造。其次，在设计验证过程中的应用也必不可少。相比传统制造，用 3D 打印技术进行设计验证省时省力。3D 打印还可以应用于维修领域，不仅能够极大地简化维修程序，还可以实现很多传统工艺无法实现的功能。比如，受制于传统的制造工艺，航空发动机零件多年来一直存在制造成本高、周期长、减重困难、设计空间有限的问题。与传统制造工艺相比，3D 打印技术具有明显的优势。航空航天装备的关键零部件通常具有较复杂的外形和内部结构，而 3D 打印技术具有加工过程不受零件复杂程度局限的特点，能够完成传统制造工艺（如铸造、锻造等）难以胜任的加工任务。除了应用于复杂零部件的直接快速制造，3D 打印技术还可用于航空航天装备零部件的快速修复。在航空航天领域，许多重大装备造价昂贵，如果在试用中出现零部件损坏或尺寸性能不符合要求，将造成重大经济损失。在这种情况下，可以利用 3D 打印制造工艺来修复零部件的误加工或破损部分，以延长装备的使用寿命。相对传统制造技术，3D 打印技术具有在航空航天领域以下潜在优势。

（1）降低制造成本。对于传统制造，产品形状越复杂，制造成本越高。3D 打印不会因为产品形状的复杂程度提高而消耗更多的时间或成本，针对航空发动机为追求性能而呈现的大量形状复杂的零件制造，3D 打印无疑具有明显优势。

（2）适于产品多样化。航空发动机本身就是"试出来的"产品，研制过程需要多次反复修改设计，传统上每一轮改进都需要对模具进行修改并增加制造成本，而 3D 打印不需要针对产品的形状改变而修改模具。

（3）最小化装配和减重。在卫星上设备重量每增加 1 kg，运载火箭的发射重量就要增加几百千克或甚至更多。通过拓扑优化设计，3D 打印可以打印组合零件，减少产品装配并降低产品重量。

（4）即时交付。3D 打印可以按需打印，从而大大压缩部分长周期零件的试制周期。

（5）拓展设计空间。受传统制造方式限制，产品只能根据工艺的可实现性来设计，如航空发动机涡轮叶片上气模孔的形状只能是圆形。3D 打印可以使涡轮叶片的气模孔根据冷却效果要求设计成椭圆形或其他任意形状。

（6）降低技能要求。传统上，航空发动机很多零件制造对操作人员技能有很高要求，要求有很高的具备技能的技术人员来加工操作。而 3D 打印技术通过设计好的图纸就可以直接打印出复杂的结构零件。

（7）降低浪费。与传统加工减材制造相反，3D 打印制造属于增材制造，航空发动机与燃气轮机所使用的大量传统金属加

工，大量原材料都在加工过程中被废弃，而 3D 打印的"近净成形"大幅减少了金属材料浪费量。

（8）材料组合简便。对于传统航空发动机与燃气轮机制造方式来讲，将不同材料组合（铸造、锻造等）成单一产品非常困难，3D 打印有能力将不同原材料融合在一起。

（9）精确实体复制。类似于数字文件复制，3D 打印未来将使得数字复制扩展到实体领域，实现异地零件复制。

"远在天边"——国外 3D 打印技术与航空航天

1. 3D 打印航空发动机零部件

近年来，随着金属直接增材制造技术成熟度的逐渐提高，特别是金属直接增材制造装备的商用化，采用金属直接增材制造技术进行航空发动机零部件的成形制造又逐渐受到了国内外航空发动机公司和研究机构的重视。1994 年，国际三大航空发动机公司之一的英国罗尔斯·罗伊斯公司（Rolls-Royce）与英国 Crankfield 大学一起探索航空发动机机匣的激光立体成形（LSF）制造技术。2000 年，美国波音公司首先宣布采用 LSF 技术制造的三个钛合金零件在 F-22 和 F/A-18E/F 飞机上获得应用，并在 2001 年制定了 LSF 技术的美国国家标准。

美国通用电气公司（GE）专为一款无线电控制的飞机设计制造了一台功能齐全的小型喷气发动机，它几乎体现了 3D 打印技术的所有优点。使用德国 EOS M270 3D 打印机直接将其打印出来。这台彻头彻尾 3D 打印的微型喷气式发动机在航空试验室里的测试结果让人印象深刻——该发动机能够实现高达 33 000 rpm 的转速。

目前，美国 GE 公司已拥有各类金属直接增材制造装备 300 多台套，在航空发动机金属零件的直接增材制造方面已走在国际前列。GE 公司基于其航空发动机高端零件直接制造的需求，通过收购美国 Morris 公司和意大利 Avio 公司，重点开展了航空发

3D 打印微型喷气式发动机

动机零件的选择性激光熔化（SLM）和电子束打印（EBM）制
造研究和相关测试。Morris 公司采用 SLM 技术生产了大量的航
空发动机零件，已经拥有超过 20 台最先进的 SLM 设备。2013
年底，GE 公司宣布，将采用 SLM 技术为其下一代的 GE Leap
发动机生产喷油嘴，每年的产量将达到 40 000 个。过去的发动
机燃料喷嘴由多达 20 多个零部件组成，而通过 3D 打印，这些
零部件的数量可减少到 3 个。而且采用 SLM 技术生产喷嘴，生
产周期可缩短 2/3，生产成本降低 50%，同时可靠性得到了大大

美国 Morris 公司采用 SLM 技术制造的航空发动机零件

燃烧室
·缸套
·燃油喷嘴

高压涡轮/低压涡轮
·叶片
·静子叶片
·外罩

助推器/压缩机
·叶片
·静子叶片段

安装
·可变静子衬套
·隔热罩
·管件支架
·装配件

涡扇
·金属前缘
·整体叶盘

结构
·压缩机套筒
·燃烧室套筒
·高压涡轮套筒
·低压涡轮套筒

GE 公司的航空发动机可应用的金属直接增材制造零部件

的提高。GE 公司预计采用金属直接增材制造的零件，未来可占航空发动机零部件的 50%，使其研发的大型航空发动机每台至少减重 454 kg。

此外，美国军方对 3D 打印技术的发展也给予了相当的关注和支持，在其直接支持下，美国率先将这一先进技术实用化，成立于 1997 年的 Aero Met 公司生产的 3 个 Ti-6Al-4V 激光快速成形零件获准在实际飞机上使用，这 3 个零件分别是 F-22 上的一个接头件、F/Al8-E/F 的机翼翼根吊环以及 F/A-l8E/F 上的一个用于降落的连接杆。美国空军和洛克希德·马丁公司已经宣布与 Sciaky 公司成为合作伙伴，并且计划使用该公司生产的 3D 打印机打印飞机部件装备正在生产的 F-35 战斗机。

2. 3D 打印无人机

2015 年，英国皇家海军成功试飞了一架 3D 打印的无人机，这意味着未来的无人机生产将越来越便宜，制造越来越简便。这架 3D 打印无人机重约 3 kg，翼幅 1.5 m。这架飞机从一艘海军军舰上起飞后，按照预先设定的程序自动飞行了 5 分钟，然后被遥控操作，安全降落。这架无人机是由 3D 打印出的四个部分拼接而成，拼接过程不需要任何工具。这项无人机 3D 打印技术是

英国皇家海军成功试飞的一架 3D 打印无人机

由英国南安普敦大学的安迪·基恩（Andy Keane）教授负责开发的，他表示："影响无人机推广使用的关键就在于降低无人机的生产成本，同时又不影响机身的坚固性。"

继英国皇家海军成功测试 3D 打印的无人机后，美国海军、以色列军队相继跟进这个项目，如今，美国国家航空航天局（NASA）的一个研究团队一直在探索如何将该项技术应用到太空，试图寻找新途径来促进他们的触角延伸到太空，使用可 3D

美国国家航空航天局使用 3D 打印的无人机探索宇宙

打印的太空无人机帮助人类探索太空中的其他星球。其目的就是要将机器人送到探测车无法触及的地方。这种无人机主要依靠冷气喷射而非螺旋桨在其他星球的大气层（有的可能没有大气层）中飞行。NASA 目前正在使用 3D 打印快速设计这些无人机的样机，同时也在测试它们是否能够自主飞行或者需要人类遥控它们飞行。这些能够飞行的勘探机器人可以进入一些之前很难到达的地方，比如有些陨石坑壁角度在 30° 以上，对于传统的探测车来说实在是太陡，根本爬不上去。

2016 年，约翰霍普金斯大学应用物理实验室（APL）研发出一款潜水无人机，名为 CRACUNS（耐腐蚀空中隐蔽无人航海系统）。该无人机的机身通过 3D 打印技术制成，其他零件使用的是商用防水涂层。此款水下无人机的机身经过仔细密封，可在盐水中浸泡两个月，可在水下一直保持这种待定状态，一旦接收到发送信号就可浮出水面纵身飞向天空。经测试，该无人机可在水下呆两个月后依然可正常飞行。虽然没有规定有效载荷，但可以想象在陆军战队登陆之前，一群 CRACUNS 伏击在岸，然后飞起来进行侦查。CRACUNS 可能会变成一个半移动式雷区，可临时部署就位，危险解除之后可立即撤出。

美国研发可从海里飞起来的 3D 打印无人机

3. 3D 打印应用于国际空间站——自给自足的生活

长期以来，由于缺乏在国际空间站上按需制造零部件的能力，国际空间站所需的全部物品都需要在地面上预先制造好之后，依靠运载火箭和飞船送往国际空间站，这大大延长了发射周期并大幅增加了发射成本，3D 打印技术的出现和快速发展为解决这些问题带来了良好的契机。

小贴士

国际空间站（International Space Station），简称ISS，是一个由6个国际主要太空机构联合推进的国际合作计划。这6个太空机构分别是美国国家航空航天局、俄罗斯联邦航天局、欧洲航天局、日本宇宙航空研究开发机构、加拿大国家航天局和巴西航天局。参与该计划的共有16个国家或地区组织，以美国、俄罗斯为首，其他4个重要成员是欧空局、日本、加拿大和巴西。欧空局成员国中参与到国际空间站计划的国家有：比利时、丹麦、法国、德国、意大利、挪威、荷兰、西班牙、瑞典、瑞士和英国。

国际空间站作为人类科学研究和开发太空资源的手段，为人类提供一个长期在太空轨道上进行对地观测和天文观测的机会，对人类研究生命科学、生物技术、航天医学、材料科学、流体物理、燃烧科学等提供比地球上好得多甚至在地球无法提供的优越条件，直接促进这些科学的进步。同时，国际空间站的建成和应用，也是向着建造太空工厂、太空发电站，进行太空旅游，建立永久性居住区（太空城堡）向太空其他星球移民等载人航天的远期目标接近了一步。

3D 打印技术可实现国际空间站上部分物资的自给能力，能够满足按需制造零部件的需求，并能够制造国际空间站所需的大量零部件、工具以及 30% 以上的备用件。当国际空间站上的设备损坏或失灵时，3D 打印机可快速完成所需替换件和工具的制造，从而有效避免从地球发射到国际空间站的时间延迟，并可降低因航天发射导致的高额成本。由于在地球上制造的部件在送往国际空间站时要承受发射过程中的过载和振动，因而需要具备较强的承受过载和振动的力学性能，而在国际空间站上制造零部件则无需考虑这一问题，因而可大幅简化零部件的结构，降低设计制造难度，估计减少的质量可达 30%。

美国国家航空航天局等机构和企业积极开展太空 3D 打印研究工作，并于 2014 年 8 月借助美国太空探索技术公司（Space X）的货运飞船把首套 3D 打印试验设备送上国际空间站，以验证零重力环境下的 3D 打印技术。该研究项目是 NASA 支持的多项"小企业创新研究计划"（SBIR）中的一项重要计划，研究规模虽然不大，但对实现国际空间站上所需物资的自给自足、提高任务执行的可靠性和安全性，以及降低成本具有重要意义。2013 年 1 月，根据与 NASA 签订的第 2 阶段任务合同，太空制造公司启动用于国际空间站的 3D 打印机的制造工作，并通过开展多项试验保障其性能和质量。该 3D 打印机采用熔融堆积成型 3D 打印技术，能够完成如下任务：

（1）修理或改进国际空间站上的零部件，或重新制造零部件。

（2）为航天员制造工具，以修复国际空间站上的零部件，预防紧急事件发生。

（3）按需制造数百种物品，如科学实验设备、消费品、容器、电缆固定件等，并制造已损坏的物品。

2014 年，当国际空间站的指挥官（Barry Wilmore）需要一个扳手时候，美国宇航局的地面工作人员不是安排下一班货运飞船给他送过去，而是通过电子邮件给他传了一个数字文件，由空间站上的 3D 打印机为他打印出了一个套筒扳手。

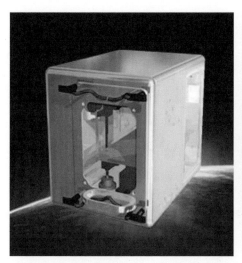

首台送入国际空间站的 3D 打印机示意图（左）和制造中的 3D 打印机（右）

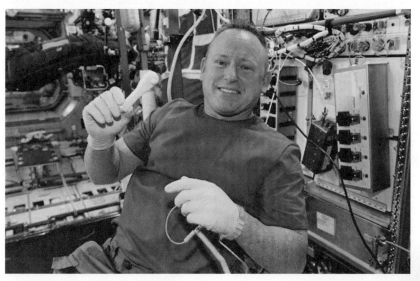

Barry Wilmore 在空间站上扬起打印完成的棘轮套筒扳手

  3D 打印这个套筒扳手首先用 CAD 软件设计并转换成可在 3D 打印机上使用的 G 代码格式文件。然后，该文件在现场用 NASA 软件发送给 NASA。然后 NASA 通过 Huntsville 运营支持中心将其传送到国际空间站。这是在地面上设计创建，并以数字形式传送到太空，以满足宇航员需要的 3D 打印对象。

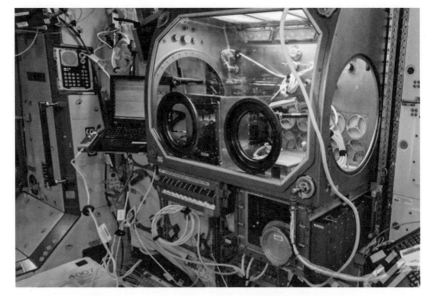

安装在国际空间站微重力科学手套箱上的 3D 打印机

此外，3D 食物打印机可以为在空间执行任务的宇航员提供食物。SMRC 创始人 Anjan Contractor 开发的食物打印机在暗盒里放入了面粉和油，宇航员还可以根据需要添加糖、碳水化合物、蛋白质和其他基本原料，这些东西可以在里面储存 30 年。

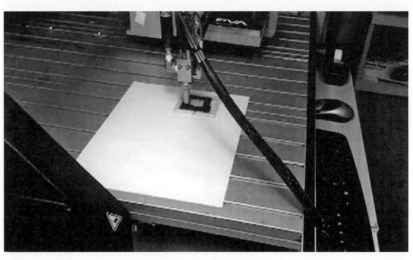

3D 食物打印机正在打印巧克力

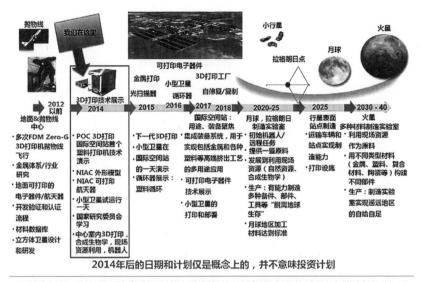

2014年后的日期和计划仅是概念上的，并不意味投资计划

国际空间站的演示将这项关键探索技术的发展和全面实施连接起来，我们相信这个设计将指引我们迈出太空制造的第一步。

美国国家航空航天局（NASA）提出的太空 3D 打印路线图

据 Quartz 报道说，打印机的第一层是面团，这层面团在打印机的底部经过加热板进行烘焙，然后打印用油和水做成的番茄层，最后打印上蛋白质层。

美国国家航空航天局（NASA）提出了太空 3D 打印路线图，勾画出了 NASA 在 3D 打印短期、中期和长期的技术发展战略概况。

"中国制造"——国内 3D 打印技术与航空航天

目前，国内在金属 3D 打印技术领域已处于国际先进水平。北京航空航天大学王华明团队为国产 C919、J15、J20、J31 提供航空结构件，并于 2012 年凭借"大型复杂整体钛合金结构件激光成型制造技术及装备"获得国家技术发明奖一等奖。西北工业大学黄卫东团队试制成功 C919 大飞机翼肋 TC4 上、下缘条构件，该类零件尺寸达 450 mm × 350 mm × 3 000 mm。华中科技大学史玉升团队运用该技术生产六缸发动机缸盖，7 天内整体成形

四气门六缸发动机缸盖砂芯。

1. 3D 打印为 C919 客机"减肥"

2017 年 5 月 5 日下午，中国国产大型客机 C919 在上海浦东国际机场"首飞"成功。这架大飞机带动了中国飞机制造产业链的发展，实现了中国航空工业的重大历史突破。

中国 C919 大客机首飞

利用 3D 打印技术制造的国产大飞机 C919 钛合金中央翼缘条

C919 部分零件采用 3D 打印技术制作。这是我国首次在民机上成功应用 3D 打印钛合金零件，从而实现了降低飞机的结构重量，延长使用寿命，提高燃油的经济性。

早在 2014 年，国内金属 3D 打印厂商西安铂力特激光成形技术有限公司带来了一款 C919 客机缘条零件，这个零部件十分引人关注，因为该部件采用的正是 3D 打印技术。该中央翼缘条是 3D 打印技术在航空领域应用的典型。中央翼缘条长达 3 m，是大型钛合金结构件，作为机翼的关键部件，以我国现有制造能力无法满足需求，如果向国外采购，势必影响大飞机的国产化率。针对 C919 的 3D 打印技术，采用了光成型件加工中央翼缘条，其最大尺寸为 3 070 mm，最大变形量则小于0.8 mm，整个力学性能通过飞机厂商的测试，其材料性能、结构性能、零件取样性能、大部段强度全部满足 C919 飞机设计要求，包括疲劳性能在内的综合性能，也优于传统锻件技术的效果。同时，这一技术的应用也标志着我国在大飞机制造方面形成了具有自主知识产权的特色新技术。

传统的航空航天设备所需要的零部件往往需要单件定制，3D打印技术的应用摆脱了传统模具制造研发周期长这一关键技术环节，而且传统技术在生产零部件过程中会造成很多不必要的损耗，而 3D 打印所特有的增材制造原理，可以很好地利用原材料，使得原材料的利用率高达 90% 以上。

此外，西北工业大学 3D 打印技术对零部件的修复也独树一帜。航空航天零件结构复杂、成本高昂，一旦出现瑕疵或缺损，只能整体更换，可能造成数十万、上百万元损失。而通过 3D 打印技术，可以用同一材料将缺损部位修补成完整形状，修复后的性能不受影响，大大节约了时间和金钱。

2. 3D 打印飞机钛合金整体隔框

2015 年，北京航空航天大学在一次展会上展示了一具使用大型金属构件激光增材制造技术所生产的大型部件，这具大型部件是航空飞行器所使用的机体部件之一。北航激光增材制造近 50件大型关键钛合金、超高强度钢构件，通过大型运输机、大型客机、舰载机、新型火箭等装备的静强度、动强度、疲劳寿命、冲击、震动等全尺寸零件试验考核。

这款以实物展出的大型飞行器构件，是迄今国际上最大的激光增材制造主承力关键钛合金构件飞机机身整体加强框，无模、整体、快速研制。采用这种激光增材制造技术制造的飞机机身整体加强框，与传统技术相比，有着高性能、低成本、快速试制的

飞机机身整体加强框

特点。这款飞机机身整体加强框，生产周期只有采用传统技术制造的 1/5，同时在强度、寿命等各项指标上，与传统工艺技术部件相比更加优秀。

近年来，北航材料学院王华明院士和他带领的团队在 3D 打印技术方面走在了国内同行的前列。在"大型钛合金结构件激光直接制造技术"领域更是在世界范围内取得重大突破，并荣获国家技术发明一等奖。这也使得北航研发团队在 3D 打印技术方面拥有了国际上该领域的话语权。

关于 3D 打印技术在中国航空制造业领域的应用，中国第一款本土商用客机 C919、第一款舰载战斗机歼-15、多用途战斗轰炸机歼-16、第一款本土隐形战斗机歼-20 及第五代战斗机歼-31 的研发均使用了 3D 打印技术。

3. 航空发动机零部件的 3D 打印与修复

GE 公司通过 GRABCAD 协会举办了一次基于金属直接增材制造技术钛合金发动机支架的再设计大赛，共有 56 个国家和地区的设计爱好者提交了 697 个参赛作品，其中冠军设计将支架的重量从原设计的 2.033 kg 减轻至 327 g。上海产业技术研究院经过近几年的自主研发，已成功研制出基于选择性激光熔融（SLM）的金属 3D 打印机，并已经打印出多种类型的发动机支架，这也是上海市首台自主研发的工业级

航空发动机支架

金属 3D 打印机。

基于同步材料送进技术的 LSF 技术可生产高性能致密航空发动机零件。2005 年，西北工业大学将 LSF 技术与铸造技术相结合，建立激光组合制造技术，解决了航空发动机 In961+GH4169 合金复合轴承后机匣的制造难题，保证了新型发动机研制按时装机试车。GE 公司依托西北工业大学 LSF 技术所制造的 GE90 发动机复合材料宽弦风扇叶片钛合金进气边和高温合金机匣，其中，钛合金进气边长 1 000 mm，壁厚 0.8～1.2 mm，最终加工变形仅 0.12 mm，并且通过了 GE 公司的测试。

3D 打印的另一个重要应用方向就是修复再制造。航空发动机关键核心部件在工作中损伤报废严重、报废量大、损伤模式复杂，成为制约发动机维修周期和成本的主要因素，如烧

西北工业大学为 GE 公司生产的钛合金进气边和高温合金机匣

蚀、裂纹、异物打伤等，因此，压气机叶片、涡轮叶片等航空发动机关键核心部件的再制造技术是欧美发达国家严密封锁的关键核心技术。中航工业航材院采用激光3D打印技术修复飞机起落架磨损、腐蚀缺陷，经过1 600余次起落飞行，状态良好。航材院还突破3D打印技术修复飞机发动机叶片研究，使我国跻身于能用3D打印技术修复航空发动机关键零件的少数国家行列。

金属直接增材制造技术已经在航空发动机零部件的制造上显示了重要的应用潜力和广阔的应用前景。不过基于技术原理和制造成本，任何一项加工技术都有与其相适应的零件结构特点，对于航空发动机零部件的制造同样如此。基于金属直接增材制造技术的成形精度、效率和成本特点，这项技术非常适用于制造发动机中具有轻量化要求的复杂构件，特别是带有内部油路、管路的构件，具有复杂凸缘或凸台的构件，具有复杂翼型的构件，具有封闭或开孔蜂窝结构的构件和集成异形通路的构件。国内虽然在这方面已经具备有一定的技术优势，但仍需要不断地探索与研究，适应市场发展，抢得市场先机。

挑战与发展

1. 机遇与挑战

3D打印的行业应用优势主要包括复杂结构的设计得以实现、满足轻量化需求、提升强度和耐用性和节省成本四个方面。借助这些优势，我国航空航天工业有望实现跨越式发展，缩小与国外的差距。目前3D打印大规模应用的最大障碍与挑战是质量问题。3D打印使用的材料以金属粉末材料为主，成型件和传统方式加工的产品在特性上存在差异，需要经过长时间的验证后才能应用于关键零部件。此外，3D打印技术的限制主要在材料、成本和结构完整性三个方面。如何克服这些难题，对于市场规模巨大的我国来讲既是机遇又是挑战。

2. 市场与发展

由于航空航天工业领域 3D 打印应用规模近年来增长迅速，按照销售规模排名，3D 打印在航空航天业的应用规模占比为 14.8%。展望航空航天工业的未来，3D 打印在大型部件、航空发动机零部件、太空探索和无人机四个应用领域拥有巨大的发展潜力。3D 打印技术作为未来制造业不可或缺的工具，将对航空航天工业的发展带来源源不断的推动力。此外，3D 打印技术的发展也促进了再制造技术的应用，未来再制造技术军用转民用将催生出新的市场。

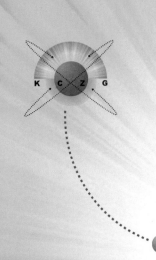

3D 打印的发展趋势

3D 打印材料更加丰富

3D 打印技术是材料成型技术，耗材是 3D 打印能否得到广泛应用最关键的因素。目前开发的 3D 打印材料主要有塑料、树脂和金属等。尽管工业上用的材料种类很多，但是正在用于 3D 打印的领域的耗材也就几百种，种类仍然缺乏，材料标准有待建立。当前的打印耗材成本较高，对于适合人体特性的金属材料如钛合金，进口的金属粉末价格达到 4 000 元 /kg 左右，还要受到外国出口管制等各种因素。开发低成本的耗材是推动 3D 打印的普及化的必然要求。

多材料混合打印

3D 打印是材料成型技术，目前所用的打印材料的种类相对来说还是比较少的，在一种工艺中，往往都是采用一种材料，如尼龙材料、陶瓷材料、金属材料等。与单一材料 3D 打印相比，多材料混合打印可以一次制造拥有多种功能或物理属性的产品，而不需要再把各种部件组装起来，从而掀起一场前所未有的革命。多材料混合 3D 打印为可穿戴设备、软性机器人和电子产品带来更多新的可能性。

3D 打印机更加普及化

下一代的 3D 打印要解决的是大众普及化，Gartner 研究副总裁彼得·巴斯利（Pete Basiliere）表示："消费者 3D 打印技术还需 5 到 10 年的时间才能打开主流市场。"目前，大约有 40 家生产商在销售 3D 打印机，全球大约有 200 多家初创公司正在开发和销售面向消费者的 3D 打印机，价格仅为数百美元。当前，3D 打印机就像 30 年前的电脑那样，只能进入少数领域，但是 30 年后的今天，电脑已经进入寻常百姓家。

4D 打印

4D 打印技术是 2013 年 2 月由美国麻省的自组装实验室的 Skylar Tibbits 在美国一个著名会议"科技、娱乐、设计"（TED）大会上提出的。实验中将一根含有吸水性智能材料的复合材料管放入水中后，这根管子自动扭曲变形，最后显示为一个"MIT"字样的形状。

4D 打印就是在 3D 打印的基础上增加时间元素，是 3D 打印技术与新材料技术的结合，4D 打印的物体能够自动对环境作出反应、自行组装、修补或变形，该技术的进步更多地依赖材料本身，而非打印技术。因此，开发新型能够判断并适当处理且本身

3D 打印出来的直线形管子放在水中（上），中图显示的是由直线形管子变化成立方体的过程，自动组装成为一个立方体（下）

可执行的新型功能智能材料，对于 4D 打印技术的应用是至关重要的。智能材料具有一定的功能如传感功能、反馈功能、信息识别、积累功能、响应功能、自诊断能力、自修复能力和自适应能力等。4D 打印技术的出现所引发的变革远远大于 3D 打印技术，对于商业和制造业所带来的变革是深远的，未来的生活方式、制造方式或许将被 4D 打印技术重新改写。

　　美国麻省科技设计公司 "Nervous System" 研发出一种利用 4D 打印技术，制造弹性贴身布料，并打印出了全球第一件 "4D 裙"。制作该裙子的布料纤维由 2 279 个三角形和 3 316 个连接点相扣而成，三角形与连接点之间的拉力，可随人体形态变化，即使变胖或变瘦，4D 裙也不会不合身。

4D 打印出的裙子

私人定制和全民制作

　　现在我们吃的、穿的、用的都是大规模定制下的产物，基本上都是差别不大，但是，每个人的心里都希望自己所用的东西都是与众不同的。随着 3D 打印技术的发展，这种情况渐渐在改变。每个人都会根据自己的需求来得到自己所需要的东西。

　　私人定制在古代只有王宫贵族才能享受的特权，体现他们的身份地位。在中国古代的皇家贡品就是属于私人定制的物品。未来的不久，人们能够自己来设计和制作所需的吃、穿、用物品，并通过家里的 3D 打印机打印，私人定制不再是少数人享有的权利。

　　人们在家里或者周边的打印中心去打印自己所需求的东西，也可以通过网络平台，将自己打印好的东西卖到世界各地。

　　（因寻找未果，请本书中相关图片的著作权人见此信息与我们联系，电话 021-66613542）